海洋生物学实验

朱丽岩　汤晓荣　刘　云　于子山　编

中国海洋大学出版社
·青岛·

图书在版编目(CIP)数据

海洋生物学实验/朱丽岩,汤晓荣,刘云,于子山编.
—青岛:中国海洋大学出版社,2007.9(2023.2重印)
ISBN978－7－81125－048－0

Ⅰ.海… Ⅱ.①朱…②汤…③刘…④于… Ⅲ.海洋生物学—实验技术 Ⅳ.Q178.53

中国版本图书馆CIP数据核字(2007)第145789号

出版发行 中国海洋大学出版社
社　　址 青岛市香港东路23号　　邮政编码 266071
网　　址 http://pub.ouc.edu.cn
电子信箱 hdcbs@ouc.edu.cn
订购电话 0532－82032573(传真)
责任编辑 魏建功　　电　　话 0532－85902121
印　　制 日照报业印刷有限公司
版　　次 2007年9月第1版
印　　次 2023年2月第8次印刷
成品尺寸 170 mm×228 mm 1/16
印　　张 12
字　　数 222千字
定　　价 36.00元

前　言

《海洋生物学实验》是为配合海洋生物学课程的教学而编写的实验教材。实验课是生物学科的特色之一，也是整个课程体系中的重要组成部分，主要目的是通过实验使学生加深对理论知识的理解，增强感性认识，训练基本实验技能，培养严谨的科研作风。学生通过本实验课程的学习，可结合课堂上讲授的知识，掌握海洋生物的形态结构、分类特征和研究方法等，提高学习兴趣和发挥学习的主动性，从而对海洋生物主要生态类群的基本知识有更深入的理解和掌握。教材内容涉及海藻、海洋浮游动物、海洋底栖动物和海洋鱼类四个部分，共25个实验，可作为海洋生物学和海洋水产学等学科相关专业的实验教学用书。

本实验教材由朱丽岩组织编写，具体分工如下：海藻部分由汤晓荣编写；海洋浮游动物部分由朱丽岩编写；海洋底栖动物部分，除“实验十八　小型底栖动物分选及优势类群形态观察”由慕芳红编写外，其余内容由于子山编写；海洋鱼类由刘云编写。

海洋生物学是中国海洋大学海洋生命学院生物科学、生态学、生物技术、生物化学与分子生物学等专业为本科生开设的专业知识必修课，是由原来的海藻学、海洋浮游生物学、海洋底栖生物学和鱼类学等四门特色专业课整合而成，因此本实验教材中也凝聚了中国海洋大学海洋生命学院（原山东海洋学院海洋生物系）所有讲授过这些课程和相应实验课的教师们的大量心血，在此向他（她）们表示诚挚的谢意！书中的部分内容和插图引自本院前辈教师们多年教学积累而编录的实验教学讲义和图谱，未能一一查明其原始出处，敬请谅解！

本书由中国海洋大学海洋生命科学实验教学中心教材出版基金资助出版。

感谢所有对本书的编写和出版给予帮助和关心的老师和同学们！

因编者能力和学术水平所限，书中难免存有错误和不足之处，恳请读者批评指正。

编者

2007年8月

目　次

第一部分　海藻

第二部分　海洋浮游动物

第三部分　海洋底栖动物

第四部分　海洋鱼类

第一部分　海藻

实验一　蓝藻门代表种类的形态

一、实验目的

了解常见的海洋蓝藻种类，掌握其分类特征。

二、材料和器具

(1)实验材料：蓝藻门 Cyanophyta 代表种类的液浸标本。
(2)实验器具：显微镜、载玻片、盖玻片、滴管(带滴头)、纱布。

三、实验内容

(一)色球藻目 Chroococcales
色球藻科 Chroococcaceae

(1)色球藻属 *Chroococcus*：藻体通常有 2、4、6 以至更多(很少超过 64 或 128 个)细胞组成的群体。群体有明显的胶被，均匀或分层，透明或黄褐色。藻体细胞球形、半球形或椭球形，个体胶被均匀或分层。细胞内有或无细小的颗粒，灰色、淡蓝绿色、蓝绿色、橄榄绿色、黄色或红色。常见种类见图 1-1。

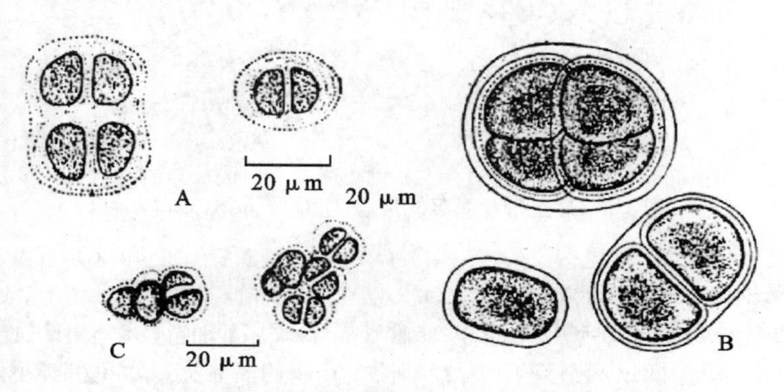

A，B. 膨胀色球藻藻体外形；C. 膜状色球藻藻体外形
(A. 引自华茂生，1985；B. 引自 B. Fott，1971；C. 引自华茂生，1985)

图 1-1　色球藻属的形态

(2)微囊藻属 *Microcystis*:藻体通常由很多细胞组成囊状群体。群体球形、类椭球形,或不规则相重叠,或为网孔状。群体胶被均质无色。群体内细胞球形或长圆球形,排列紧密,有时互相挤压而出现棱角,无个体胶被。细胞呈浅蓝色、亮蓝绿色、橄榄绿色。幼期群体中实,球形或椭球形,较老的藻体常出现不规则的破裂而呈孔状。常见种类见图 1-2。

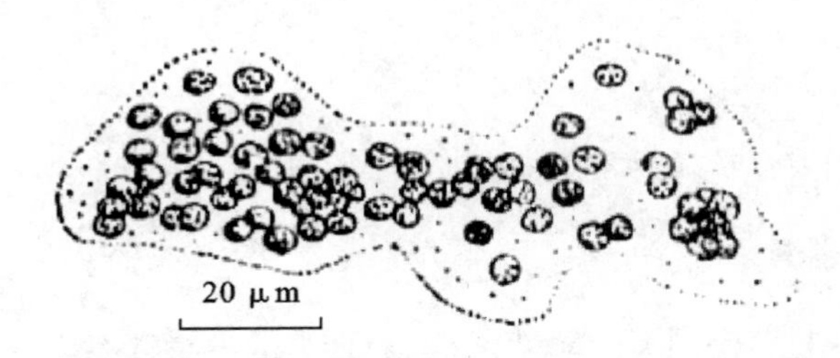

图 1-2　铜锈微囊藻的藻体形态(引自华茂生,1985)

(二)管孢藻目 Chamaesiphonales

1. 管孢藻科 Chamaesiphonaceae

管孢藻属 *Chamaesiphon*:藻体单细胞,呈棒形、柱形或梨形,基部具短柄或无。单独生长或群集在一起,群体无胶被。附着生长在其他藻体(特别是刚毛藻)的表面上。常见的为层生管孢藻 *C. incrustans*(图 1-3)。

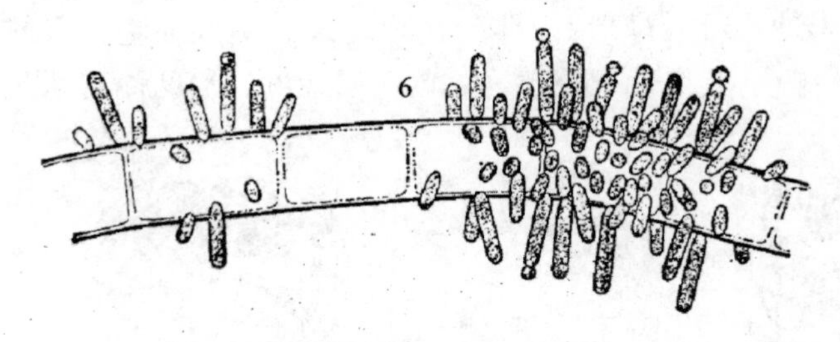

图 1-3　层生管孢藻藻体形态(引自 B. Fott, 1971)

2. 皮果藻科 Dermocarpaceae

皮果藻属 *Dermocarpa*:藻体单细胞或聚集成多细胞状群体,细胞呈球形、卵形或梨形,常无柄,少数短柄。附着生长在其他的藻体上。常见种类见图 1-4。

(三)颤藻目 Oscillatoriales

1. 颤藻科 Oscillatoriaceae

(1)颤藻属 *Oscillatoria*:藻体为不分枝的单列丝状体,直或略有弯曲,无胶

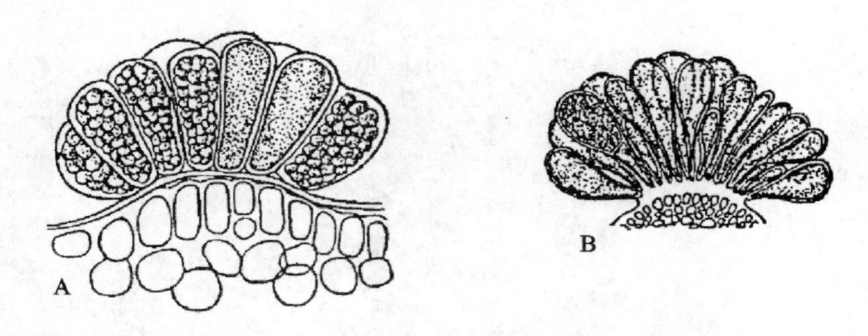

A. 草绿皮果藻；B. 棍棒皮果藻

图 1-4　皮果藻属藻体形态(引自朱浩然，1959)

质鞘，或有一层非常薄的胶质。细胞圆柱形，环面呈窄长方形，宽大于高。藻丝体所有细胞的宽度相等，顶端细胞多样，末端增厚或具帽状体。藻丝有特征性的摆动运动。形态特征见图 1-5。

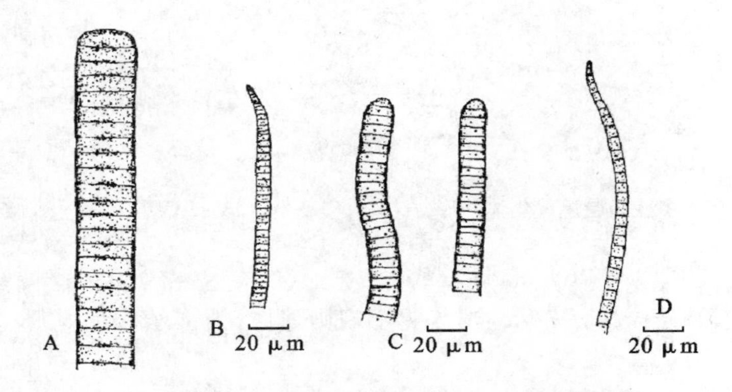

A. 丰裕颤藻；B. 短丝颤藻；C. 庞氏颤藻；D. 凿形颤藻

图 1-5　颤藻属藻丝体顶端形态(引自华茂生，1978，1983)

(2)螺旋藻属 *Spirulina*：由多细胞组成丝体，无鞘；细胞圆柱形。丝体呈疏松或紧密的有规则的螺旋状弯曲。细胞或藻丝顶部常不尖细，横壁常不明显，有的不收缢有的收缢，顶细胞球形，外壁不增厚。蓝绿色或黄绿色。常见种类见图 1-6。

2. 念珠藻科 Nostocaceae

鱼腥藻属 *Anabaena*：藻体为单一丝体，或为不定形状的胶质块状，或为柔软膜状。藻丝等宽或末端尖细，直或不规则螺旋状弯曲。细胞球形、桶形。异形胞常间生。孢子 1 个或几个成串，紧靠异形胞或位于异形胞之间。

常见海生种类为多变鱼腥藻 *A. variabilis*（图 1-7）。

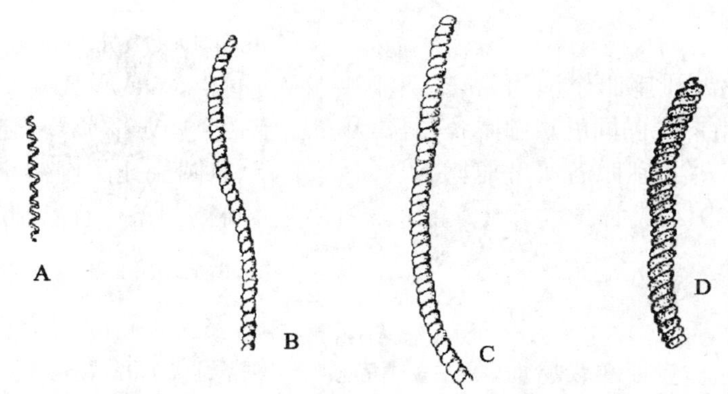

A. 大螺旋藻部分丝体外形；B. 短丝螺旋藻部分丝体外形；
C,D. 海生螺旋藻部分丝体外形（A,B,C 引自华茂生，1978；D 引自朱浩然，1959）

图 1-6 螺旋藻属丝体形态

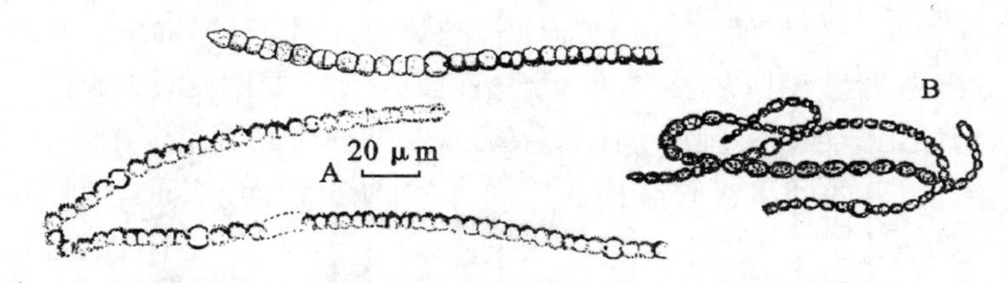

图 1-7 多变鱼腥藻藻丝体外形（A. 引自华茂生，1985；B. 引自朱浩然，1959）

3. 鞭枝藻科 Mastigocladaceae

短毛藻属 *Brachytrichia*：藻体为不规则球体，内部丝体呈 V 形或 Y 形分枝。

常见种类海雹菜 *B. quoyi*：藻体由很多丝体组成，呈胶块状、皮壳状或念珠藻状团块，可大至 4～5 cm。团块表面大都蜷缩，或有皱纹，幼时为实体，老时多中空。呈黄绿色或黑棕色。藻体内丝体在基部处作稀疏的交织，上部大都直立，互相平行或做放射状排列，在藻丝的末端处其细胞往往狭细，延伸成为短的或长的毛；分枝一般呈 V 形，其中一枝发育完全，另一枝发育不完全。整个藻丝上的细胞，其形态极不一致，有球形、椭球形、盘形或不规则形等；毛体细胞的直径为 1 μm；异形胞比一般细胞大，

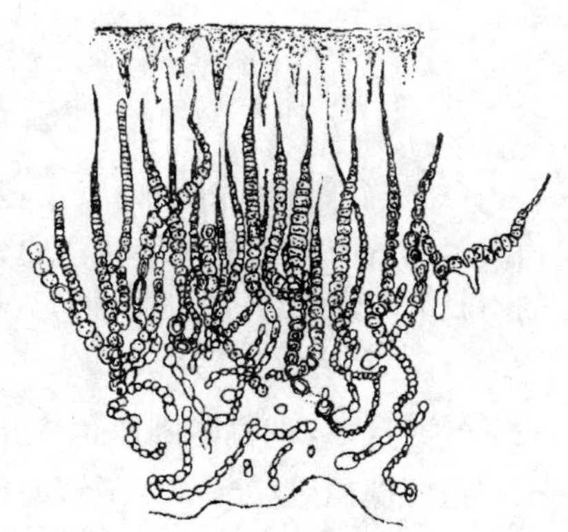

图 1-8 海雹菜藻体部分切面，示藻丝形态（引自朱浩然，1959）

其直径为 5～8 μm。藻体切面结构见图1-8。

4. 胶须藻科 Rivulariaceae

眉藻属 *Calothrix*：藻体不分枝，胶质鞘较厚。丝体内细胞直径有基部向顶部逐渐缩小，最后呈毛状。异形胞基生，半球形至球形，1～3 个。

常见种类为丝状眉藻 *C. confervicola*：藻丝体不分枝，簇生，黄绿色至蓝绿色。丝体长 800～1 220 μm，中部的直径为 20～28 μm，基部略膨大，但有时并不明显。胶质鞘较厚，达 5～8 μm，略有层纹。相邻细胞间没有收缢。异形胞基生，多数 1 个，有时 2 个，偶尔 3 个，球形(图 1-9)。

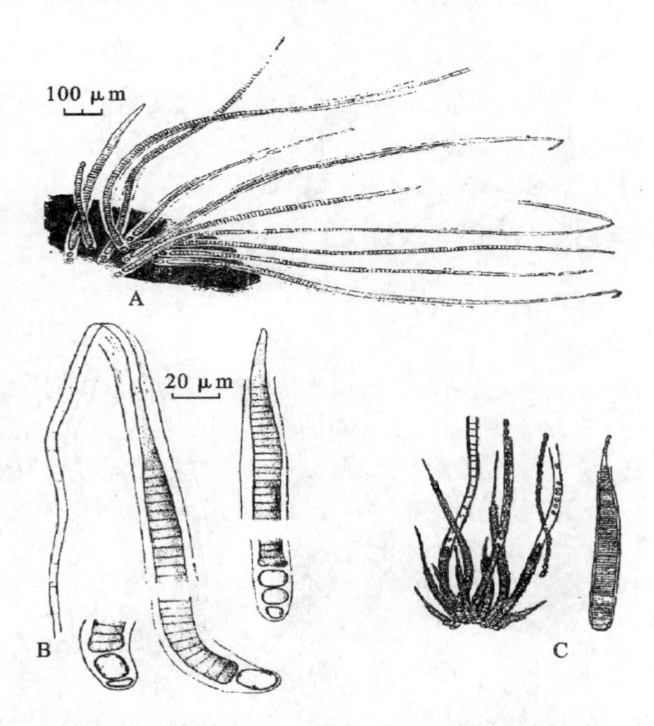

图 1-9 丝状眉藻藻体形态(A，B 引自华茂生，1985；C 引自朱浩然，1959)

四、实验要求

(1)认识蓝藻门的代表种类；

(2)掌握异形胞的位置在不同种类中的差异；

(3)按教师指定内容绘图。

实验二　红藻门代表种类的形态结构

一、实验目的

通过对红藻门代表种类的形态和结构观察，了解红藻门植物的主要形态特征，并能认识常见的红藻种类。

二、材料和器具

(1)实验材料：红藻门 Rhodophyta 代表种类的新鲜材料或液浸标本。

(2)实验器具：每人 1 台显微镜、培养皿 1 套、载玻片和盖玻片各 2 片、解剖工具 1 套(单面刀片、自备解剖针 2 支、尖头镊子 1 把)、纱布 1 块。

三、实验内容

(一)原红藻纲 Protoflorideae

红毛菜科 Bangiaceae

(1)红毛菜属 *Bangia*：藻体为不分枝的丝状体，幼期由单列细胞组成，长成后藻体上部细胞纵裂成许多列，顶端有一凸圆形的细胞。幼时由基部细胞固着，老的藻体基部产生无隔假根，穿过胶质壁固着基质。无性繁殖形成单孢子，有性繁殖形成精子囊和果胞，受精后合子分裂成果孢子囊(图 2-1)。

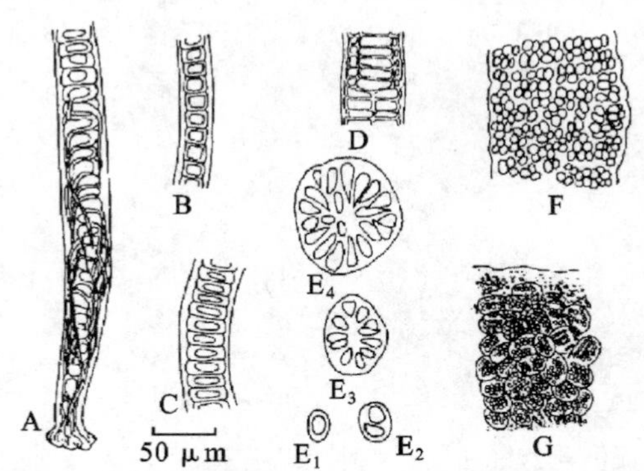

A. 藻体基部细胞形成固着器的状况；B. 靠近基部的细胞略呈方形；C. 丝状体上部的细胞略呈长方形；D. 藻丝体纵切面示藻体由多列细胞组成；E_1～E_4. 藻体横切面示藻体由单列至多列细胞组成；F. 部分果孢子囊；G. 部分精子囊

图 2-1　红毛菜属(D 引自 R. E. Lee，1980；其余图均仿郑柏林等，1961)

（2）紫菜属 *Porphyra*：藻体为单层或双层细胞组成的叶状体，基部由盘状固着器固着于基质上，无柄或具小柄；边缘全缘或有锯齿；细胞含 1～2 个星状色素体。无性繁殖时叶状体形成单孢子；有性繁殖产生精子囊和果胞，二者结合后，合子发育成果孢子囊（图 2-2，图 2-3，图 2-4）。

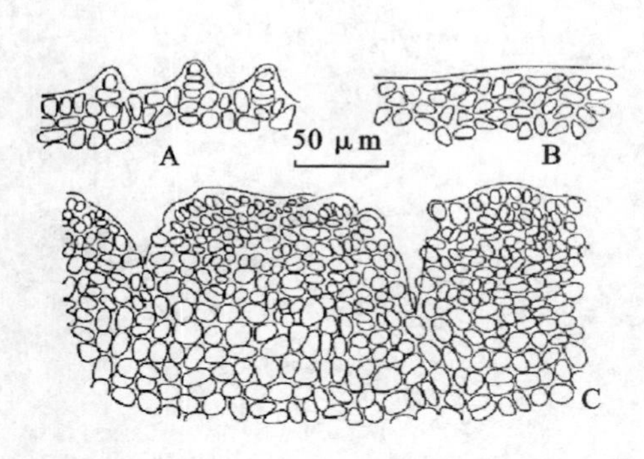

A. 刺缘紫菜组的边缘；B. 全缘紫菜组的边缘；
C. 边缘紫菜组的边缘

图 2-2　紫菜属叶状体的三种边缘
（引自曾呈奎等，1962）

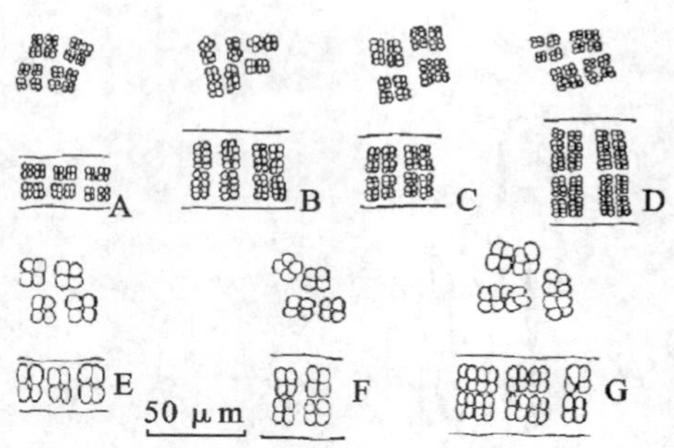

A. ♂a4b4c4；B. ♂a2b4c8；C. ♂a4b4c8；
D. ♂a4b4c16；E. ♀a2b2c2；F. ♀a2b2c4；
G. ♀a2b4c4（每个图的上部为表面观，
下部为横切面观）

图 2-3　紫菜属精子囊和果孢子囊的各种排列式（引自曾呈奎等，1962）

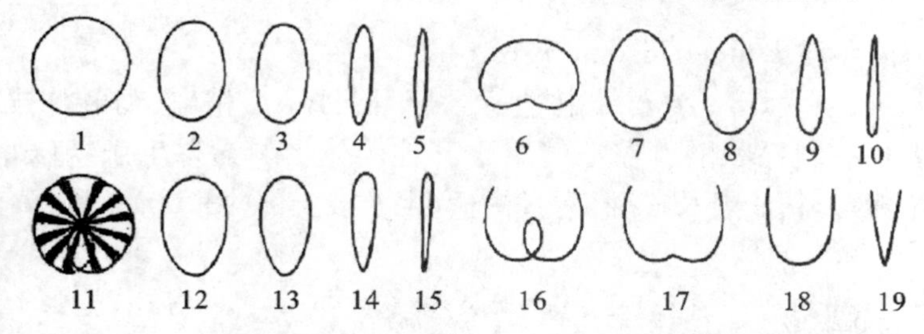

1. 圆形；2. 椭圆形；3. 长椭圆形；4. 宽线形；5. 线形；6. 肾脏形；7. 卵形；8. 长卵形；
9. 披针形；10. 线状披针形；11. 漏斗形；12. 倒卵形；13. 倒长卵形；14. 倒披针形；
15. 线状倒披针形；16. 脐形；17. 心脏形；18. 圆形；19. 楔形

图 2-4　紫菜属叶状体外形和基部形状模式图（引自今井丈夫，1971）

（二）真红藻纲 Florideae

1. 海索面目 Nemalionales

A. 海索面科 Nemaliaceae

海索面属 *Nemalion*：藻体深玫瑰红或紫红色，圆柱状，单条或分枝，由许多丝状藻丝构成。藻丝向多方向分枝，藻丝间充满胶质，髓部丝状细胞无色素体；

皮层细胞(同化丝)单核,并具有1个星状色素体。精子囊产生于侧枝的末端细胞,每个细胞顶端轮生3～4个精子囊;果胞枝的原始细胞由近中心的基部生出,分生3～5个子细胞,顶端细胞成果胞,前端延长成为管状的受精丝。合子受精后形成果孢子囊,后者与产孢丝共同构成果孢子体(图2-5)。

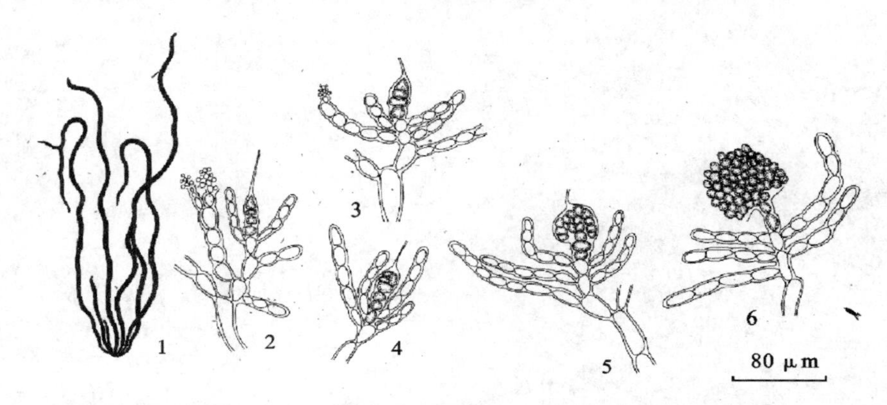

1. 海索面藻体外形;2. 雌雄同体,精子囊枝及果胞枝,由同化丝末端细胞转化而来,果胞枝由4个细胞组成;3. 受精后的果胞横分裂为上、下2个子细胞;4. 幼年囊果;5～6. 成熟囊果,无包围丝。

图2-5 海索面 *Nemalion vermiculare*(引自曾呈奎,2005)

B. 海门冬科 Bonnemaisoniaceae

海门冬属 *Asparagopsis*:藻体直立,枝干圆柱状或稍扁,辐射分枝,具有匍匐茎,向下生有假根状固着器或缠结于其他藻体上。囊果生于特殊小枝的顶部,球形至卵形;精子囊长椭球形,具短柄,生于枝上部(图2-6)。

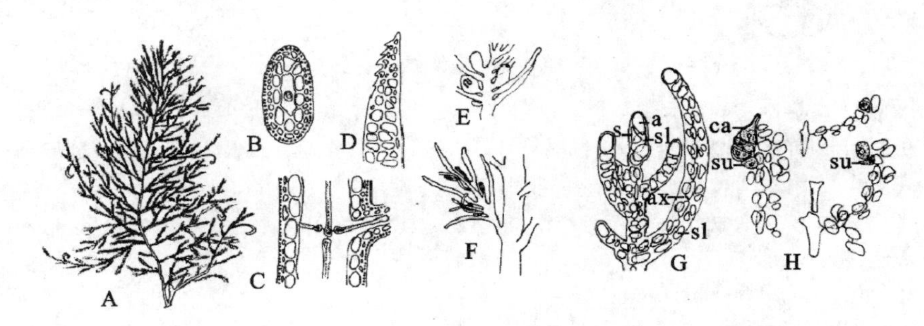

A. 藻体外形;B. 藻体横切面;C. 藻体纵切面;D. 小枝顶端的刺状突起;E. 囊果枝;F. 精子囊枝;G. 主枝的生长点;H. 果胞枝的发育

a. 顶端细胞;ax. 中轴细胞;ca. 果胞;s. 顶端细胞节;su. 支持细胞;sl. 次生侧丝

图2-6 具钩海门冬(仿郑柏林等,1961)

2. 石花菜目 Gelidiales

石花菜科 Gelidiaceae

石花菜属 *Gelidium*：藻体直立，具有圆柱状至扁平状两侧羽状分枝的主干。每个中轴细胞形成 4 个围轴细胞，然后再生出丝体构成髓部。

石花菜 *G. amansii*：藻体紫红色，因环境不同，有时可呈深红色、酱紫色，基部假根无色。枝呈圆柱状或稍扁，两侧 2～3 回羽状分枝。由顶端细胞生成中轴丝，每一细胞分成 4 个围轴细胞，由它们再分裂生出皮层与髓部。皮层与髓部无明显区别。四分孢子囊由孢子体的末枝顶端表面细胞形成，通常十字形分裂，有时也不规则；精子囊群椭球形，生于扁平小枝的顶端。囊果小枝呈亚球形的膨大突起，扁平，两面开孔（图 2-7）。

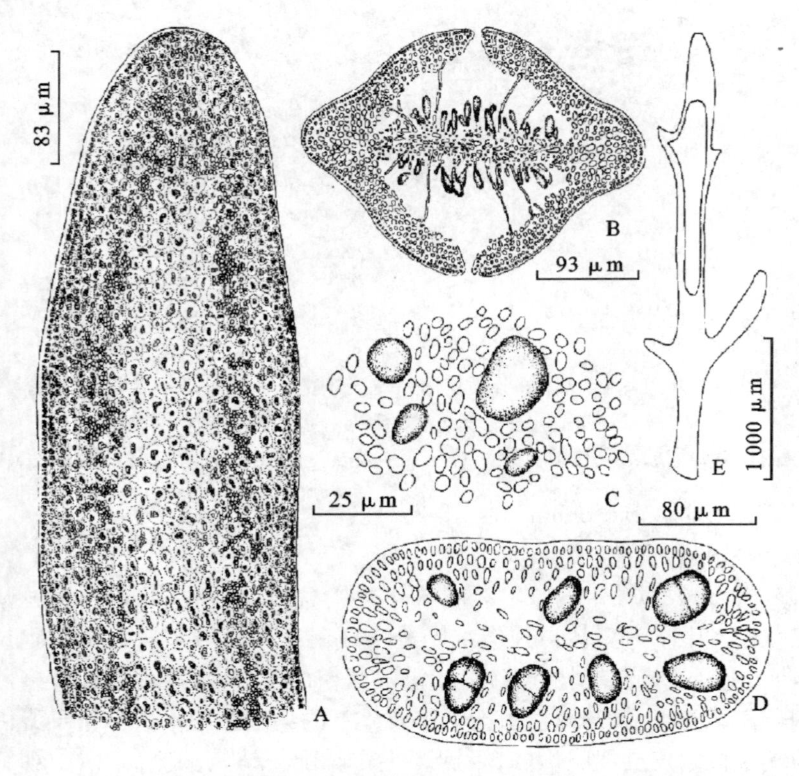

A. 部分藻体横切面；B. 囊果切面观；C. 四分孢子囊表面观；
D. 四分孢子囊切面观；E. 精子囊小枝，示不规则长圆形精子囊群

图 2-7　石花菜 *Gelidium amansii* Lamouroux（引自夏邦美，2004）

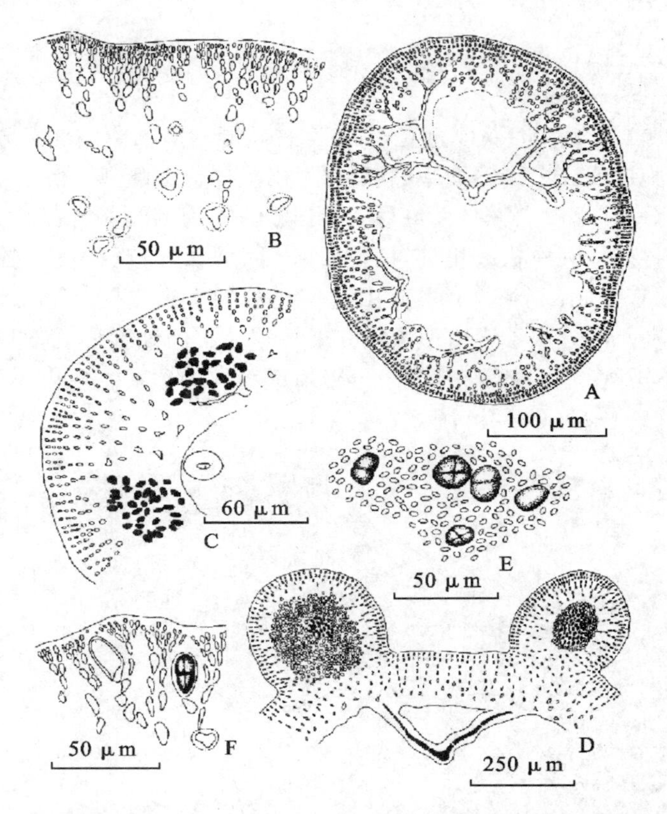

A. 藻体横切面；B. 藻体部分横切面；C. 部分囊果纵切面；D. 囊果纵切面；
E. 四分孢子囊表面观；F. 四分孢子囊切面观

图 2-8　海萝 *Gloiopeltis furcata*（Post. Et Rupr. ）J. Agardh(引自夏邦美，2004)

3. 隐丝藻目 Cryptonemiales

A. 内枝藻科 Endocladiaceae

海萝属 *Gloiopeltis*：藻体呈叉状或不规则分枝，枝圆柱状或稍扁。藻体内部组织疏松或中空。藻体由顶端细胞分生成斜交的顶端节。中轴细胞长圆柱形；围轴细胞分成许多旁枝，继续分生形成紧密的皮层，皮层内部被许多藻丝穿过。四分孢子囊十字形分裂，由孢子体表皮下的皮层细胞形成。精子囊由雄配子体顶端小枝的皮层细胞形成；果胞产生在雌配子体枝端侧面，由中轴细胞形成辅助细胞，再生支持细胞，上生果胞。囊果形成后，雌藻体的表面有细粒状隆起，以后藻体逐渐变成淡黄色，但囊果仍为褐紫色(图 2-8)。

B. 海膜科 Halymeniaceae

蜈蚣藻属 *Grateloupia*：藻体直立。直立枝扁平，两缘生羽状分枝，基部为一盘状固着器。整个藻体表面平滑、柔软，呈紫红色。皮层由致密短小的细胞组成；髓部由无色星状细胞和由皮层内部生长出来的髓丝组成。四分孢子囊十字形分裂，埋藏于藻体皮层内。配子体雌雄异体，精子囊群由叶片表面形成，无色。果胞枝由两个细胞组成，生在髓部以外的特殊丝体上。成熟囊果深埋体内，包被囊果的皮层组织上开一孔(图 2-9，图 2-10)。

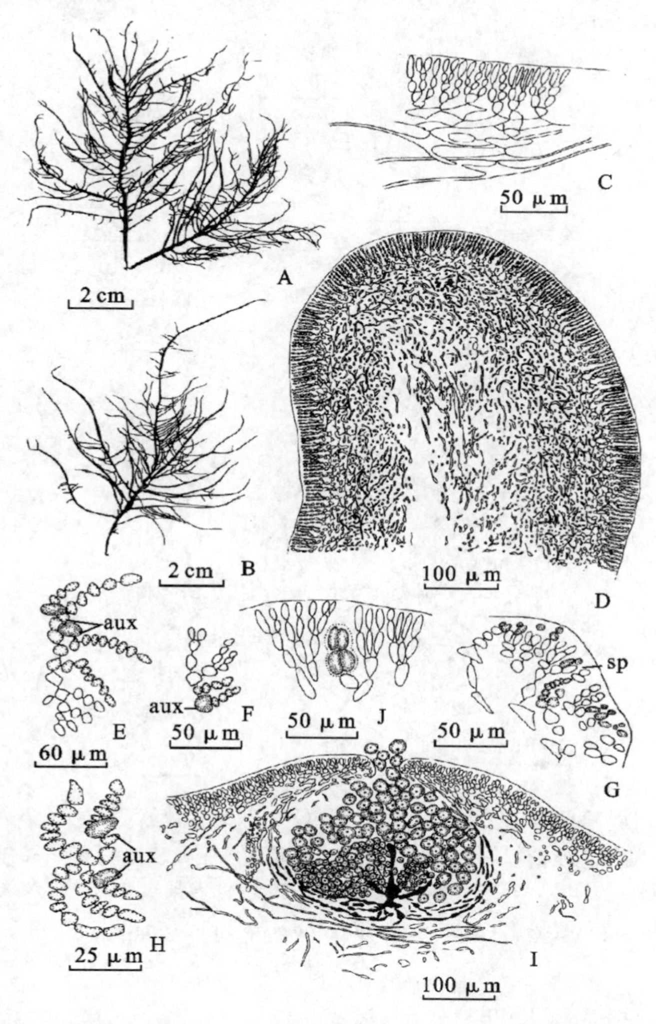

A. 雌性藻体；B. 雄性藻体；C，D. 藻体的横切面；E，H. 具有 2 个辅助细胞的枝丛；F. 辅助细胞枝枝丛；G. 藻体的横切面，示精子囊及枝丛；I. 囊果的纵切面；J. 四分孢子囊切面观

图 2-9 蜈蚣藻 *Grateloupia filicina* (Lamouroux)C. Agardh(引自夏邦美，2004)

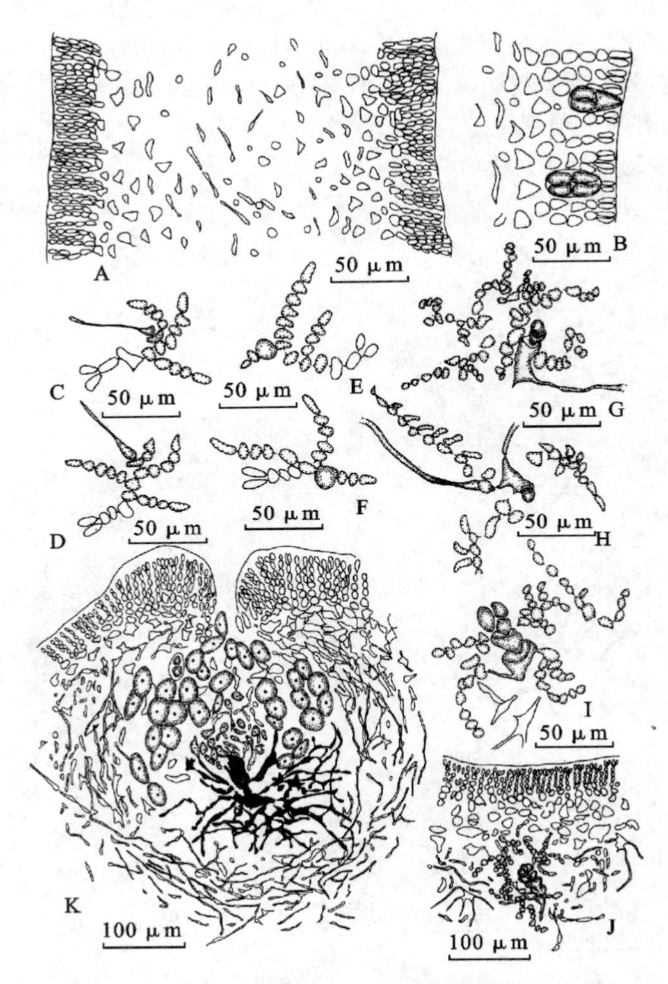

A. 藻体横切面；B. 四分孢子囊切面观；C,D. 果胞枝枝丛，主枝 6～7 个细胞；
E. 辅助细胞枝枝丛，主枝 10 个细胞；F. 辅助细胞枝枝丛，主枝 6 个细胞；
G～J. 产孢丝的早期发育；K. 成熟囊果纵切面

图 2-10　青岛蜈蚣藻 *Grateloupia qingdaoensis* Li et Ding(引自夏邦美，2004)

4. 杉藻目 Gigartinales

A. 海头红科 Plocamiaceae

海头红属 *Plocamium*：藻体直立，由盘形固着器或匍匐枝生出直立枝，直立枝自由分枝，呈亚圆柱形或稍扁，合轴分枝。双叉分枝栉齿状，在分枝的近轴或远轴上有连续互生栉齿。枝的内部为单轴型,由顶端细胞分裂形成中轴丝,每一轴丝分生侧丝,侧丝再分裂成圆球状、多角状细胞形成皮层。皮层细胞内大外小,并紧密地连成薄壁组织。四分孢子囊带形分裂,生于最末小枝的中肋两旁,形成扁平的孢子囊枝。配子体雌雄异体,精子囊由枝的末端皮层细胞形成。果胞由 3 个细胞组成,生于中轴丝的基部。成熟囊果无柄,膨大突出于藻体的一边,由囊果邻近的营养细胞生长似果被的构造,但无囊孔(图 2-11)。

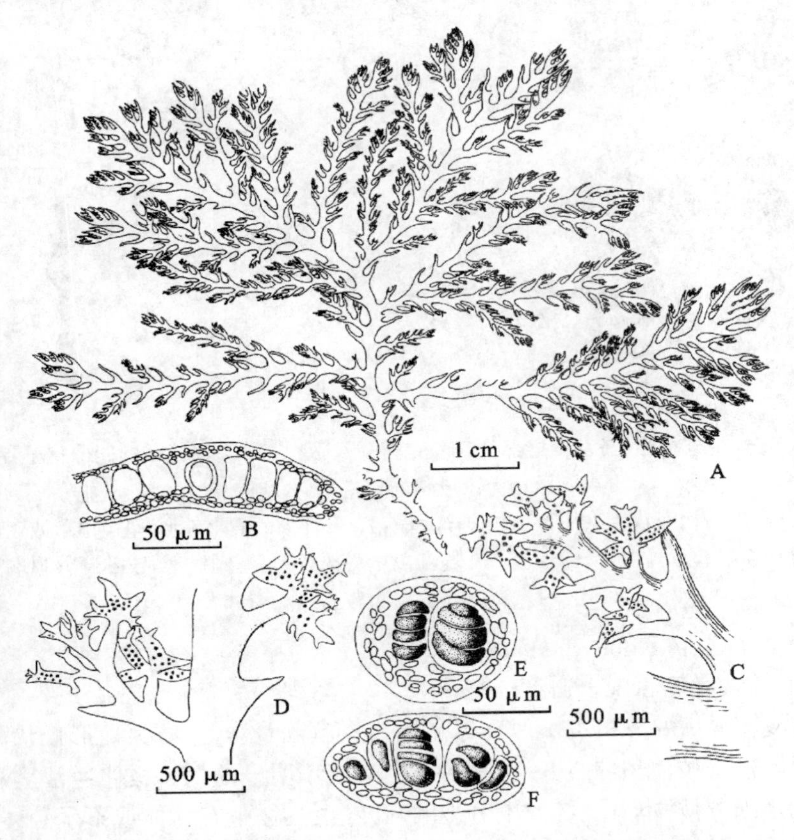

A. 部分藻体外形；B. 小枝横切面；C,D. 四分孢子囊小枝；E,F. 四分孢子囊切面观

图 2-11　海头红 *Plocamium telfairae* (Harv.　)(引自夏邦美,张峻甫,1999)

B. 江蓠科 Gracilariaceae

江蓠属 *Gracilaria*:藻体数回分枝,分枝不规则或近于双分枝,枝圆柱状或扁平叶状。髓部由大而无色的薄壁细胞组成。皮层细胞较小,含带形色素体。四分孢子囊十字形分裂,互相分离,埋生于藻体的表面之下。精子囊群生于藻

体表面下或生在下陷于表面类似生殖窝的凹陷内。果胞枝由两个细胞组成，生于支持细胞外面。成熟囊果突出于藻体表面呈半球形，有一大型的基部胎座组织，其四周的皮层细胞形成囊果被，并具一囊孔（图 2-12）。

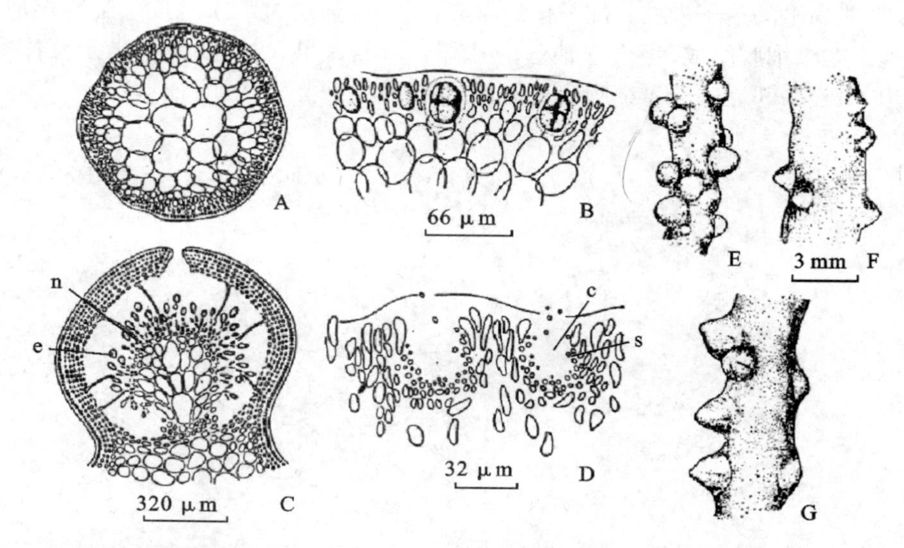

A. 藻体中部横切面，其皮层部分已长有四分孢子囊；B. 高倍镜下的四分孢子囊；C. 囊果的纵切面示成熟的果孢子(e)和滋养丝(n)；D. 精子囊枝横切面，表示精子(s)和精子囊窠(c)；E. 江蓠的囊果外形，呈半球形或亚球形；F. 缢江蓠的囊果外形，呈圆锥形；G. 脆江蓠的囊果外形，呈圆锥形，成熟部分顶端突起

图 2-12　江蓠属（引自曾呈奎等，1962）

5. 红皮藻目 Rhodymeniales

A. 红皮藻科 Rhodymeniaceae

红皮藻属 *Rhodymenia*：藻体基部具有盘状固着器，也有圆柱形根状分枝的匍匐固着器。枝体稍扁或叶片状，具有明显或不明显的柄。枝体通常呈双叉分枝或不规则分枝，也有全缘和不分裂的，叶缘上往往生有芽体或不生芽体，无中肋或叶脉。藻体内部构造分为两层组织：内层为髓部，由椭球形无色的大型细胞紧密排列组成；外层为皮层，有 2～3 层含色素体的球形小细胞纵排列组成。四分孢子囊十字形分裂，生于枝体节的顶部，埋生在藻体的表层下，散生或生在生殖瘤内。精子囊生于枝体的扁平面上，往往集生成群。果胞枝由 3 个细胞组成，生于皮层最内面的细胞上。成熟囊果球状，分布在整个枝体上或只限于枝体的顶端，具厚的果被，上开囊孔（图 2-13）。

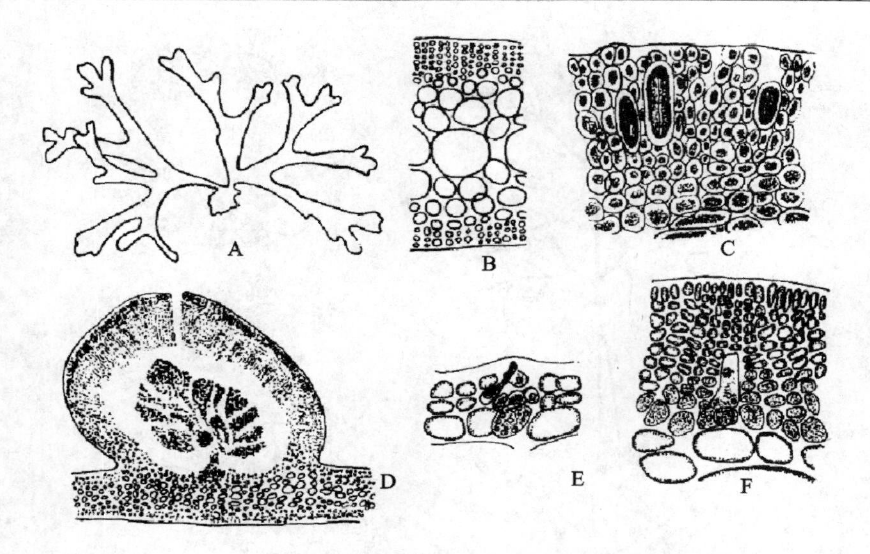

A. 藻体外形；B. 藻体横切面；C. 四分孢子囊；D. 囊果纵切面；
E. *Rhodymenia perfusa*（Post. Et Rupr.）J. Ag. 的果胞系；
F. *R. perfusa*（Post. Et Rupr.）J. Ag. 示受精后的果胞系

图 2-13 红皮藻属(仿郑柏林等,1961)

B. 环节藻科 Champiaceae

节夹藻属 *Lomentaria*:藻体具有多个分枝,分枝侧面对生或轮生,枝干圆柱状或扁圆柱状,有结节存在。藻体内部结构:髓部由细长分枝丝状细胞组成,或有疏松的髓丝,或有的部分中空,其内壁由 1 层或数层稍大的细胞组成,最内层着生小的腺细胞,此外,中空的内部有细胞组成隔膜分隔(结节处);皮层细胞为 1 层或数层小细胞,含有色素体。四分孢子囊四面锥形排列,成群集生,在藻体表面凸起。果胞枝由 3 个细胞组成。囊果散生,向外突起,具囊孔(图 2-14)。

6. 仙菜目 Ceramiales

A. 仙菜科 Ceramiaceae

仙菜属 *Ceramium*:藻体直立,但有的一部分或全部匍匐。直立枝圆柱状,具分枝,分枝一般为互生或不规则的叉状,偶有羽状,愈上面愈细,尖端呈钳形的弯曲。皮层细胞呈多角状,含有色素体。基部皮层细胞及中轴细胞形成固着器。孢子体产生四分孢子囊(通常四面锥形分裂)或多孢子囊,孢子囊无柄,部分或全部由周围细胞包裹。精子囊由枝节部的表面细胞形成,为一层无色的小细胞。果胞枝由 4 个细胞组成。成熟囊果间生,往往由几个向内弯曲的藻丝组成总苞包围(图 2-15)。

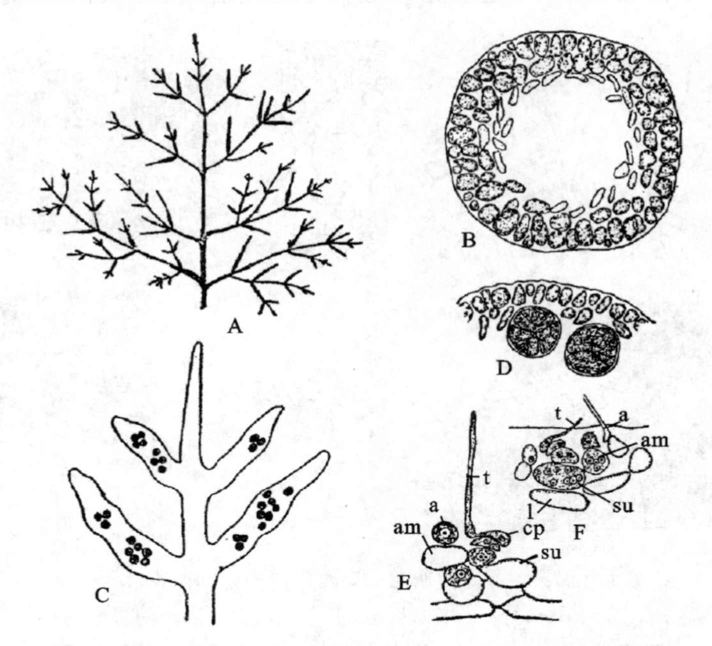

A. *Lomentaria hakadatensis* Yendo 部分藻体外形；B. 藻体横切面；C. 四分孢子囊枝；D. 四分孢子囊枝横切面；E. *Lomentaria clavellosa*（Turn. ）Gaill 具 1 个辅助细胞的果胞丝

a. 辅助细胞；am. 辅助母细胞；cp. 果胞；l. 纵丝细胞；su. 支持细胞；t. 受精丝

图 2-14　节荚藻属（仿郑柏林等，1961）

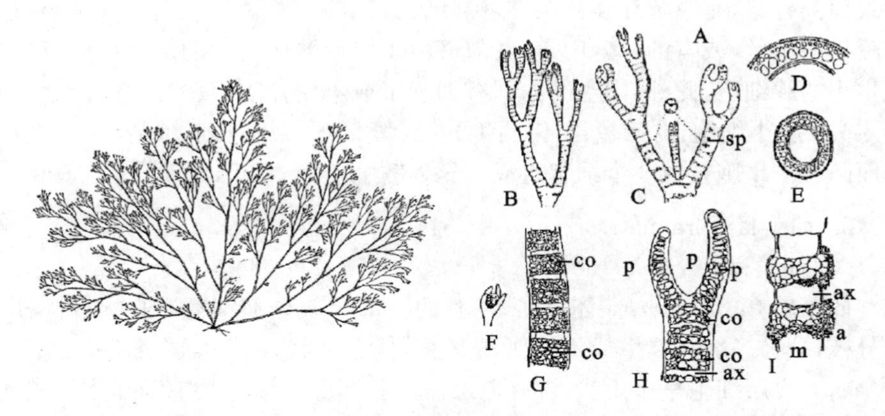

A. 藻体外形；B. 小枝；C. 四分孢子囊；D. 藻体横切面一部分；E. 藻体横切面；F. 囊果；G. *C. deslongchampii* 分枝的构造；H. *C. deslongchampii* 双分枝；I. *C. diaphanum*（ightf. ）both.

a. 精子；ax. 中轴；co. 皮层；m. 精子囊母细胞；p. 围轴细胞；sp. 四分孢子囊

图 2-15　仙菜属（仿郑柏林等，1961）

B. 松节藻科 Rhodomelaceae

多管藻属 *Polysiphonia*：藻体直立或部分匍匐，匍匐枝圆柱状，背面具有 1 个或 2 个细胞组成的假根，腹面则生直立主干。直立主干辐射状分枝，圆柱状，主干每一节的内部都是多轴管。有 4～24 个围轴细胞，在某些种分枝的老的部分都具有皮层。分枝顶端生毛丝体，毛丝体分枝或不分枝。四分孢子囊四面锥形分裂，在分枝上部的节上产生，每节只形成 1 个孢子囊。精子囊生在雄配子体上部的毛丝体上；果胞枝是从毛丝体发育而成的。成熟囊果为卵形、球形，被有开孔的果被（图 2-16）。

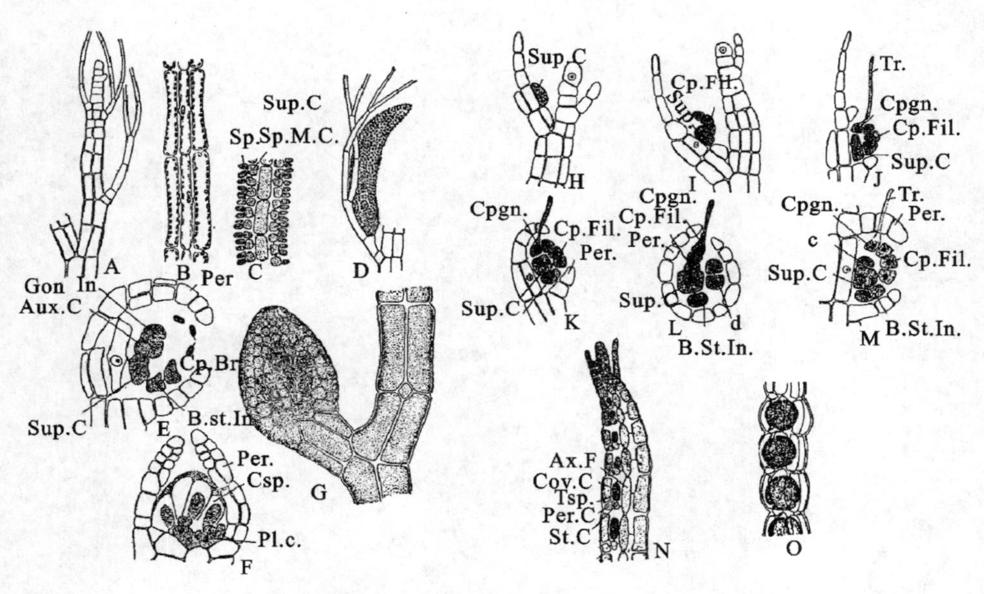

A. 分枝的顶端部；B. 分枝的纵切面，示色素体和细胞核；
C. 部分精子囊枝纵切面，示精子囊母细胞和精子；D. 精子囊枝外形；
E. 第一个产孢丝原始体形成后的果胞系；F. 具有幼年果孢子囊的果孢子体；
G. 成熟囊果的表面观；H～M. 果孢系的发生及受精前后的变化；
N. 具有幼期四分孢子囊的四分孢子体的顶端纵切面；O. 成熟的四分孢子囊枝
Sp. 不动精子囊；Sp. M. C. 不动精子囊母细胞；Aux. C. 辅助细胞；B. St. In 基部不育性丝体；
Cp. Br. 果胞丝体遗留部分；Csp. 果孢子囊；Con. In. 产孢丝原始体；Per. 囊果被；
Pl. c. 胎座细胞；Sup. C. 支持细胞；Ax. F. 主轴丝体；Cov. C. 掩盖细胞；Per. C. 围轴细胞；
St. C. 柄细胞；Tsp. 四分孢子囊（C，D，N，O 为 *Polysiphonia* sp.）

图 2-16　弯茎多管藻（引自 G. M. Smith，1955）

四、实验要求

(1)认识真红藻纲 3 个世代的主要繁殖器官。

(2)按教师指定绘图。

实验三　甲藻门代表种类的形态

一、实验目的

了解常见的海洋甲藻种类，掌握其分类特征。

二、材料和器具

(1)实验材料：甲藻门 Pyrrophyta 代表种类的液浸标本。

(2)实验器具：每人 1 台显微镜、载玻片和盖玻片各 2 张，滴管(带滴头)，纱布 1 块。

三、实验内容

(一)鳍藻目 Dinophydiales

鳍藻科 Dinophysiaceae

法拉藻属 *Phalacroma*：藻体为中型到大型细胞。上壳比下壳明显短，横沟边翅发达，但不形成漏斗状结构。常见种见图 3-1。

(二)裸甲藻目 Gymnodiniales

1. 裸甲藻科 Gymnodiniales

裸甲藻属 *Gymnodinium*：本属藻体细胞椭球形或双锥形，长 11～210 μm。单细胞或链状群体。横沟在细胞中部，环状或左旋，两端位移距离不超过体长的 1/5。纵沟自前端到后端或比较短，常伸入上鞘。有甲藻液泡。细胞质为无色或金褐色、绿色或黄绿色。壳表面光滑或有隆起，或有凹入的条纹。常见种见图 3-2。

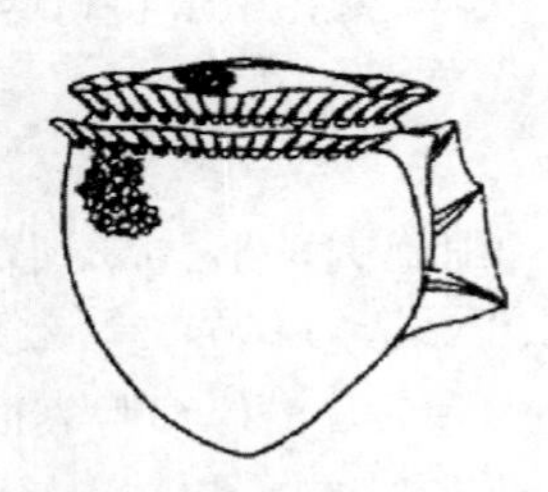

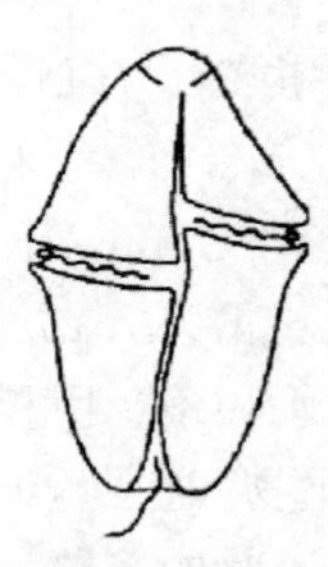

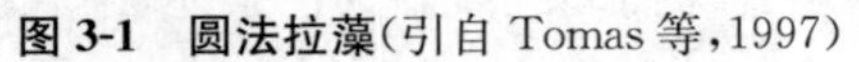

图 3-1　圆法拉藻(引自 Tomas 等，1997)　　**图 3-2　链状裸甲藻**(引自 Tomas 等，1997)

2. 多沟藻科 Polykrikaceae

多沟藻属 *Polykrikos*：本属藻体细胞裸露，常以两个细胞形式假聚生在一起，或形成 2 个、4 个或 8 个细胞的链状群体，各细胞以相同的方向排列，有时看起来是一个细胞。上壳圆球状，下壳二裂或圆球状。各细胞的纵沟连接成一条，每个细胞都有一条横鞭和一条纵鞭。无色素体。常见种类见图 3-3。

(三)膝沟藻目 Gonyaulacales

1. 角藻科 Ceratiaceae

角藻属 *Ceratium*：为最常见的浮游甲藻之一，通常为单细胞，有时几个细胞连成链状。具甲种类，细胞由小型到大型，长可达 1 mm 以上。细胞有 2～4 个中空的角，角的顶端开口或封闭。顶角(前角)1 个，底角(后角)2 或 3 个。细胞背腹略扁。甲板方程为：Po，cp，4′，6″，5c，2＋s，6‴，2⁗。横沟在细胞体部中央，环状，略倾斜。无间插板，其中顶板联合形成顶角，底板组成一个左底角，沟后板组成另一个右底角(图 3-4)。壳面有孔纹，少数有纵列隆起线或网状纹。色素体多个、小颗粒状，顶角和底角内也有色素体；细胞核 1 个，在细胞的中部。根据体部的大小、形态、前后角的长短、伸出方向等分为不同的亚属及组。常见种类见图 3-4、图 3-5。

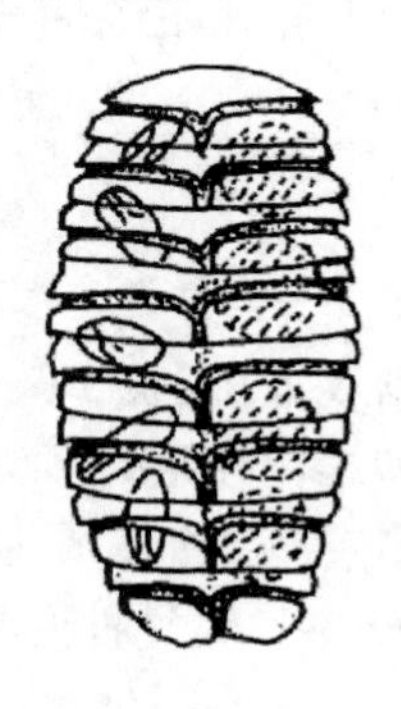

图 3-3 斯氏多沟藻(引自 Dodge，1982)

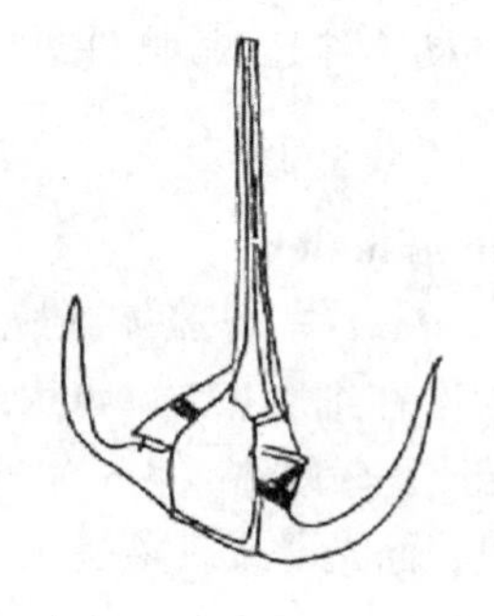

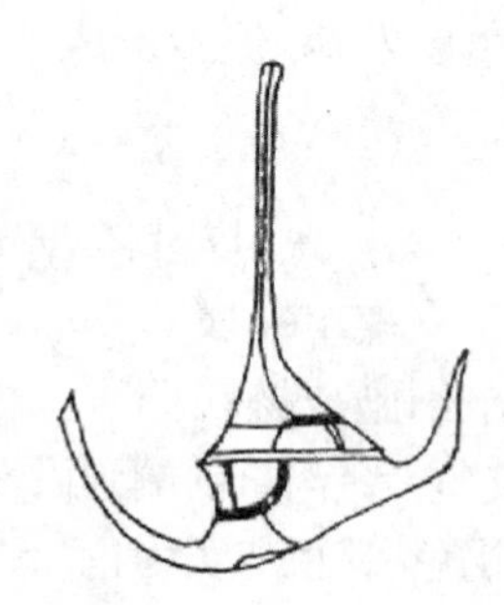

图 3-4 角藻属(示甲板排列)

2. 屋甲藻科 Goniodomaceae

亚历山大藻属 *Alexandrium*：本属为具甲类。细胞圆球形、半球形、卵形、双锥形。没有刺和角。甲板方程为 Po，cp，4′，0a，6″，6c，9～10s，5‴，2⁗。横沟左旋，没有悬垂物和扭曲，横沟位移为横沟宽度的 1～1.5 倍。细胞表面具孔、网纹和蠕虫爬迹状的花纹。壳可以从薄而轻到厚而多皱纹。具色素体，细胞核 C 字形。常见种类见图 3-6。

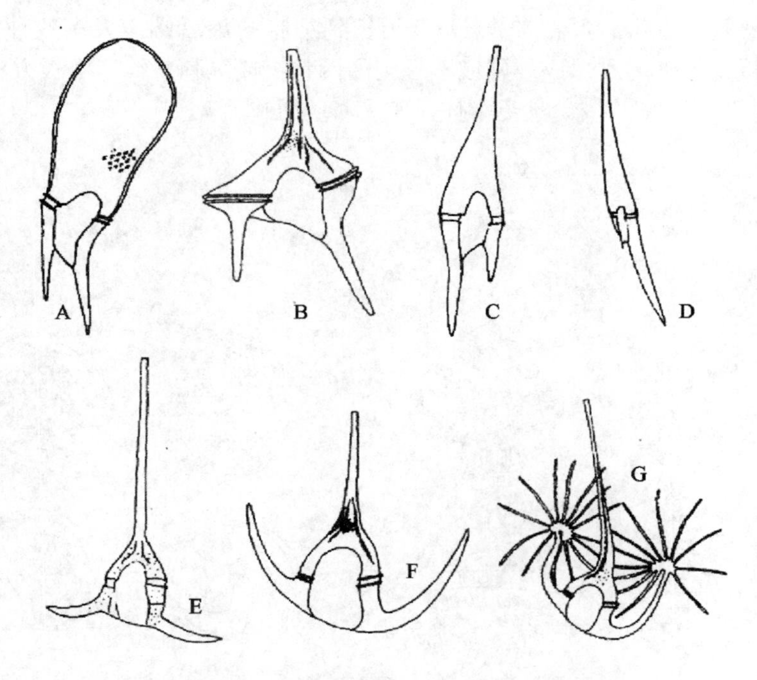

A. 长头角藻；B. 蜡台角藻；C. 叉角藻；D. 梭角藻；
E. 臼齿角藻；F. 三角角藻；G. 掌状角藻

图 3-5　角藻属(引自 Tomas 等，1997)

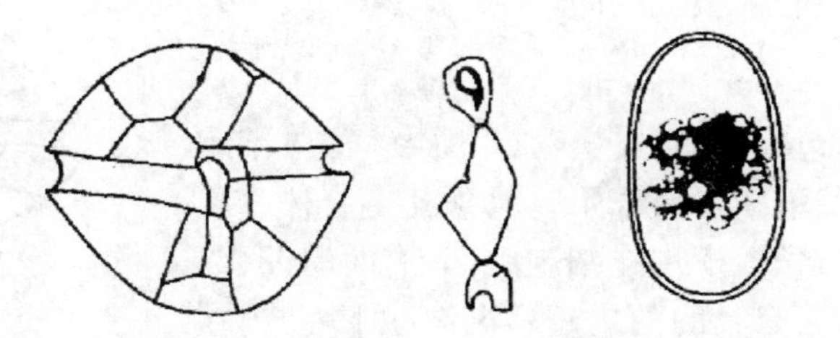

A. 藻体外形；B. 顶板孔；C. 胼胝体结构

图 3-6　塔玛亚历山大藻(引自 Tomas 等，1997)

3. 膝沟藻科 Gonyaulaceae

膝沟藻属 *Gonyaulax*：藻体细胞圆球形、多面体形、广梭形、长椭球形，具粗壮的前后角。背腹较扁，顶端圆或平，对称或不对称。末端圆，或扁平，或为对称或不对称的尖形，或具一到多个刺。横沟通常在细胞中央，左旋，明显凹陷，显著螺旋状，且两端经常存在重叠现象，横沟位移可达横沟宽度的 6 倍，具或不具横沟悬垂。纵沟后部常加宽，一直延长到细胞的最后端。大多数种类壁厚，沿甲板接缝特别增厚形成规则或不规则的网状纹或纵列条纹。甲板方程为Po，3′，2a，6″，6c，7s，6‴，2⁗。具色素体。常见种类见图3-7。

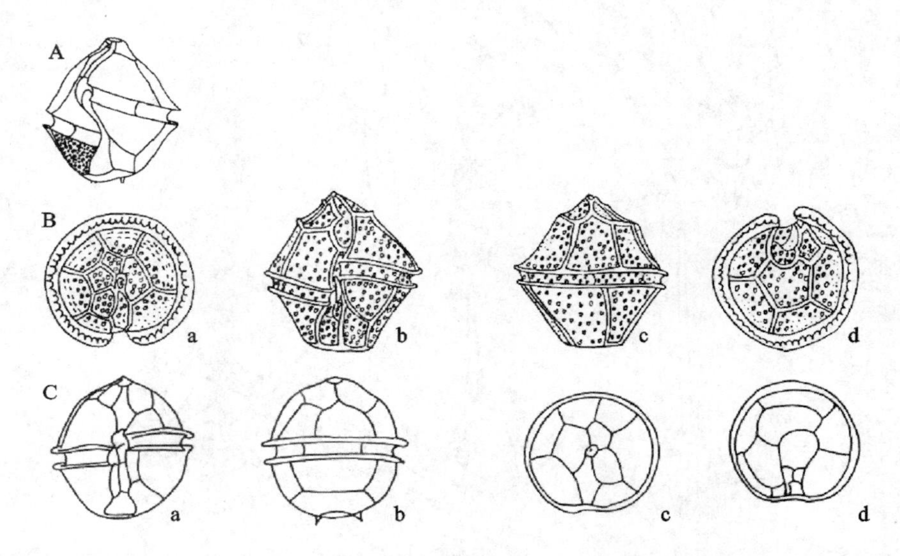

A. 具刺膝沟藻；B：a～d. 多边膝沟藻的不同面观；C：a～d. 大马膝沟藻的不同面观

图3-7　膝沟藻属(引自 Tomas 等，1997)

（四）多甲藻目 Peridiniales

1. 翼藻科 Diplopsalaceae

翼藻属 *Diplopsalis*：本属为具甲类。藻体细胞中型，椭球形、凸透镜形或球形。具顶孔复合体。顶端和底端都不具角。横沟在细胞中部，有时略凹入，环状或略上旋，常有具肋的边翅。纵沟在下壳，露在表面上不凹入，左侧有一个明显的透明膜状边翅，实际上是由第一沟后片的右侧生出。壳面光滑无纹，但具小孔。不具色素体。甲板方程为Po，X，3′，1a，6″，4(3＋t)c，5s，5‴，1⁗。常见种类见图3-8。

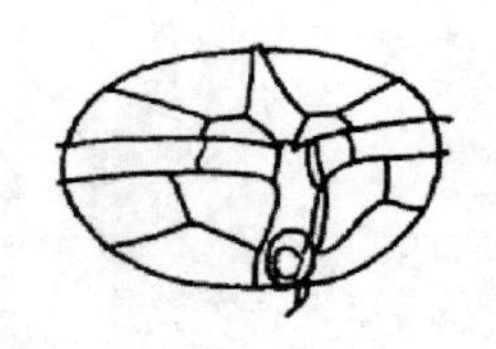

图3-8　小翼藻

(引自 Tomas 等，1997)

2. 原多甲藻科 Protoperidiniaceae

原多甲藻属 *Protoperidinium*：本属为甲藻门中最大的一属，是主要海洋浮游甲藻之一。具甲类。细胞小型到大型。细胞球形、椭球形或多面体状，大多数常呈底部连接的双锥形。许多物种具有顶角和底角，或有 2～3 个刺。一般背腹略扁，腹面凹入，因此顶面观时呈肾形。许多种类不具色素体。细胞内有明显的甲藻液泡。色素体多数粒状，也有不具色素体的，而细胞质呈棕黄色或粉红色。细胞核一般大而明显，位于细胞中部。典型的甲板方程为 Po，X，4′，2～3a，7″，(3+t)c，6s，5‴，2⁗。常见种类见图 3-9。

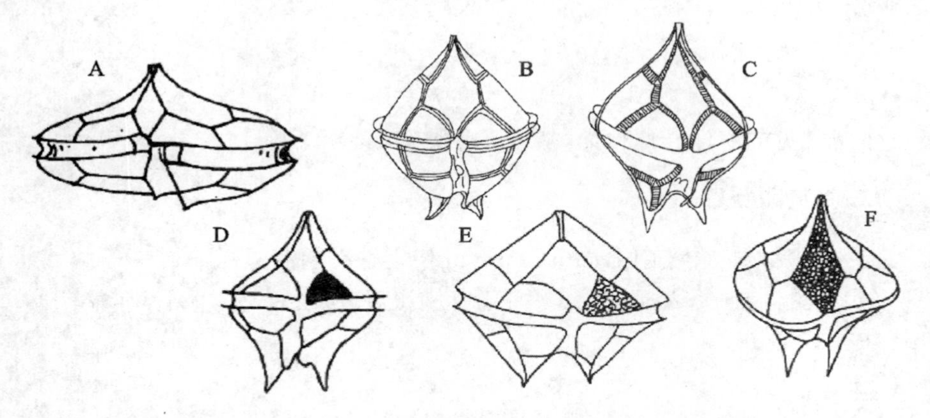

A. 歪心原多甲藻；B. 光甲原多甲藻；C. 实角原多甲藻；D. 分角原多甲藻；
E. 锥形原多甲藻；F. 扁形原多甲藻

图 3-9　原多甲藻属(引自 Tomas 等，1997)

四、实验要求

(1)认识常见的甲藻种类。

(2)按教师指定种类绘图。

实验四　硅藻门代表种类的形态

一、实验目的

了解常见的海洋硅藻种类，掌握其分类特征。

二、材料和器具

(1)实验材料：硅藻门 Bacillariophyta 代表种类的液浸标本。

(2)实验器具：每人显微镜 1 台、载玻片和盖玻片各 2 张，滴管(带滴头)，纱布 1 块。

三、实验内容

(一)中心纲

1. 盘状硅藻亚目 Discoidales

A. 圆筛藻科 Coscinodiscaceae

圆筛藻属 *Coscinodiscus*：本属物种的细胞壳面大多为圆形，个别为椭圆形。壳面隆起、扁平或中心凹下，有明显的壳套。细胞的贯壳轴长短不一，有的甚短，细胞环面薄如钱币；有的种间生带较宽或数目较多，细胞环面则呈高低不同的短圆柱形；个别种的同一个间生带一侧宽，一侧窄，细胞环面观呈楔形。壳面具六角形筛室。依壳面筛室的排列方式不同可分为 3 个组：

壳面的室呈直线排列……………………………………… 直列组 Lineati
壳面的室呈束状排列 …………………………………… 束列组 Fasciculati
壳面的室呈放射状排列………………………………… 放射列组 Radiati

本属种类很多，为主要海洋浮游硅藻(图 4-1)。

B. 海链藻科 Thalassiosiraceae

海链藻属 *Thalassiosira*：藻体壳面圆形，凸或平，极少凹下。壳面上有呈直线形、离心形、放射形或束形排列的小室。壳套一般较高。细胞环面观大都呈圆角的矩形或接近正方形，极少呈六角形；环带大多高于细胞高度的 1/3；有的种有领状间生隔片及侧板。本属的决定性特征是在壳面周缘有一圈小刺或放射状排列的长刺;壳面中央有一泌胶孔,从中生出粗或细的胶质丝,将细胞连成直或略弯的链状群体(图 4-2)。

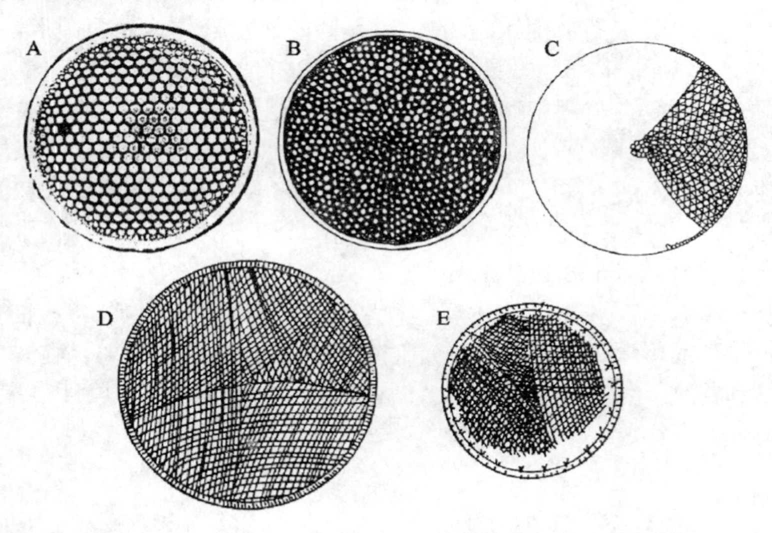

A. 小眼圆筛藻；B. 辐射圆筛藻；C. 弓束圆筛藻；D,E. 偏心圆筛藻

图 4-1　圆筛藻属

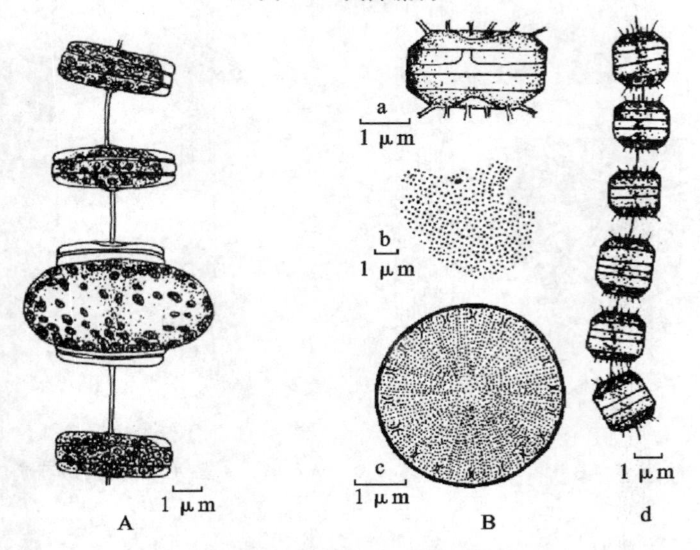

A. 圆海链藻细胞宽环面观及复大孢子；

B. 诺氏海链藻(a. 环面观；b. 壳面中央花纹；c. 壳面观；d. 细胞链)

图 4-2　海链藻属

C. 骨条藻科 Skeletonemaceae

骨条藻属 *Skeletonema*：本属藻体近球形、透镜形或短圆柱状，壁薄，单个生活或呈 8 个以下或 50 个细胞以上的长短不同的链状群体。壳面圆形，平或凸起如冠状。在壳面的边缘生一圈与细胞贯壳轴平行的细长管状突起(支持突)，相邻细胞的支持突在与两细胞略成等距离处成结状连接(连接结连成链状群体)。邻细胞间的距离(即支持突的长度)长短不一，有的很短，有的则长于细胞的贯壳轴。细胞壳面支持突的数目变化很大，为 8～30 根。细胞中的色素体的数目和形状不同(图 4-3)。

D. 细柱藻科 Leptocylindraceae

细柱藻属 *Leptocylindrus*：本属物种呈细长圆筒状，壳面圆。以壳面紧密连接成细长的直或略弯的链状群体。细胞壁很薄(硅质化程度很弱)，在普通显微镜下看不到花纹。色素体 2 个或数个，呈圆板状或呈颗粒状，数目很多(图 4-4)。

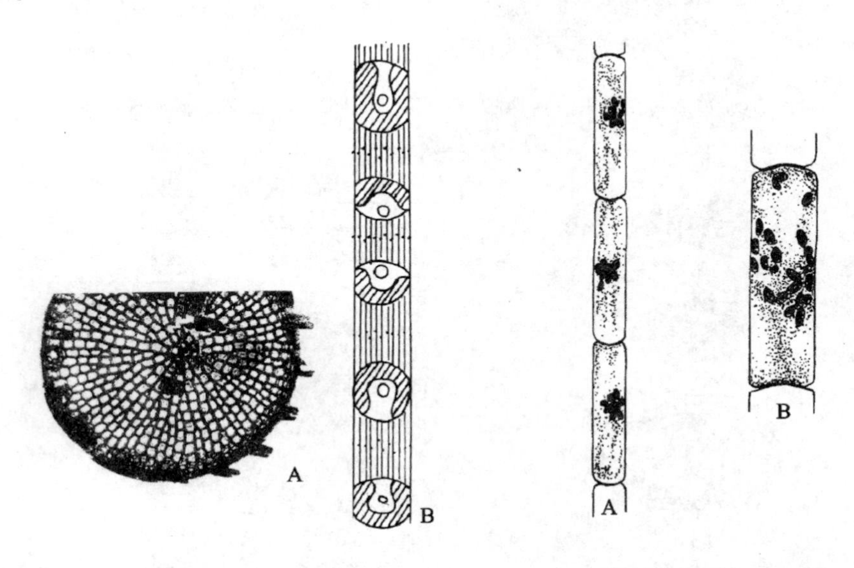

A. 壳面观；B. 链状群体

图 4-3　中肋骨条藻

A. 细胞链环面观；B. 色素体

图 4-4　丹麦细柱藻

2. 管状硅藻亚目 Solenoideae

根管藻科 Rhizosoleniaceae

根管藻属 *Rhizosolenia*：本属物种呈短的或很长的直形或弯形的圆筒状。单个生活或连成直形、弯形或螺旋形长链。壳面平或呈不对称的锥状突起，锥的末端延长或生出长短不一的刺，其基部平滑或在两侧各有一耳状突。在壳面的腹面生有与刺的形态一致的凹痕或沟，相邻细胞壳面的刺则插入沟中或紧贴在这一凹痕上而连成群体。壳环面生许多领状、环状或鳞状的间生带，是鉴定种的主要依据。细胞壁大都薄而透明。色素体数目多，呈颗粒状或小盘状(图 4-5)。

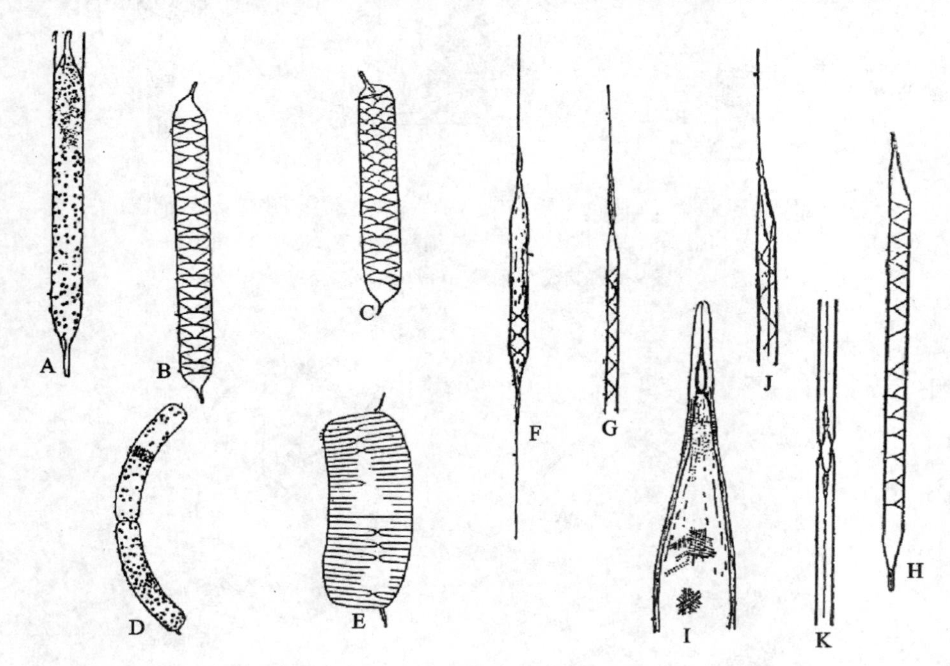

A. 翼根管藻(*Rhizosolenia alata* Brightwell)示色素体；
B,C. 印度型翼根管(*Rh. Latata f. indica*(Peragallo) Ostenfeld)；
D,E. 斯氏根管藻 *Rh. Stoltery forthii* H Perag.；
F,G. 刚毛根管藻(*Rh. Seitiger* Brightwell)；H～K. 钝形根管藻(*Rh. Hebetate* (Bail) Gran)

图 4-5　根管藻属(仿 Hustedt)

3. 盒形藻亚目 Biddulphineae

A. 角毛藻科 Chaetoceroceae

角毛藻属 *Chaetoceros*：本属藻体呈短而略扁的圆筒状，一般宽度与高度近似，细胞的宽环面往往接近正方形，窄环面则呈竖长方形。壳面椭圆形，少数近似圆形，壳面平，中部隆起或凹下，有的种上壳中部往往隆起，下壳扁平。壳套与连接带相接处常形成深浅不同的凹沟，个别种的壳套与连接带间还生出几条环状的间生带。角毛的形态、生长位置、伸出方向、有无色素体等都是鉴定种的重要依据。色素体黄褐色或褐绿色。常见种类见图 4-6，图 4-7，图 4-8，图 4-9。

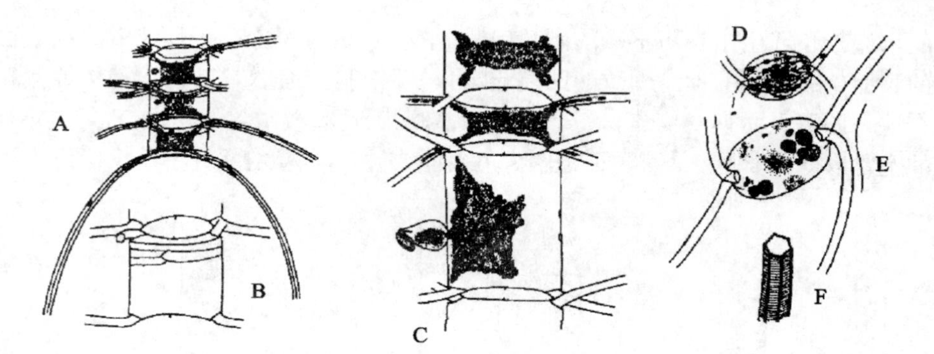

A,B. 具间生带的细胞链宽环面观；C. 产生复大孢子的细胞链环面观；
D. 细胞壳面观；E. 具小孢子的细胞壳面观；F. 一段角毛

图 4-6　艾氏角毛藻 *Chaetoceros eibenii*

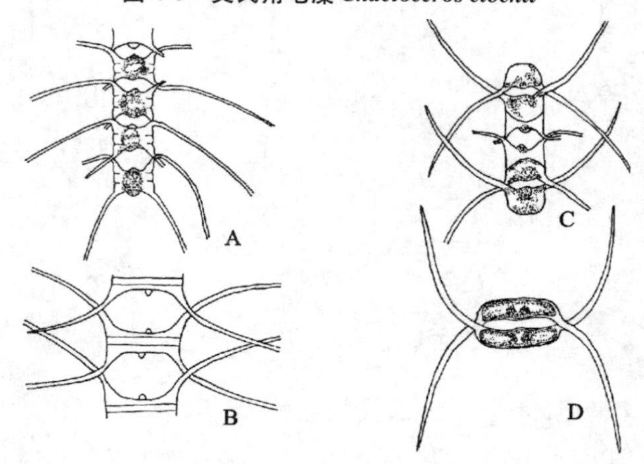

A,B. 群体；C,D. 休止孢子

图 4-7　双突角毛藻 *Chaetoceros didymus*

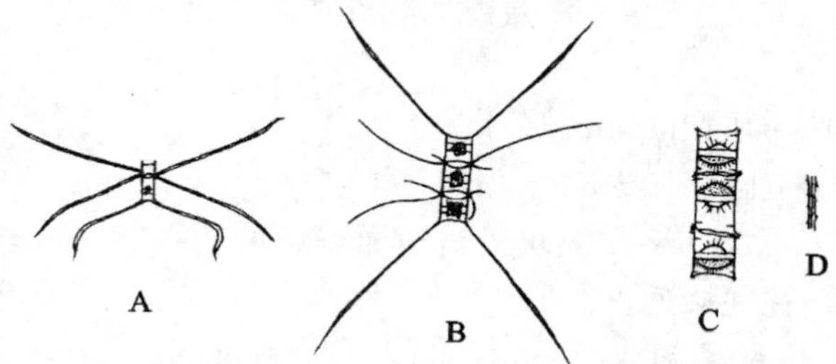

A. 细胞链内具有粗角毛，端角毛镰刀状；B. 具斜伸端角毛的细胞链及细胞内色素体；
C. 休眠孢子；D. 部分端角毛放大

图 4-8　窄隙角毛藻 *Chaetoceros affinis*

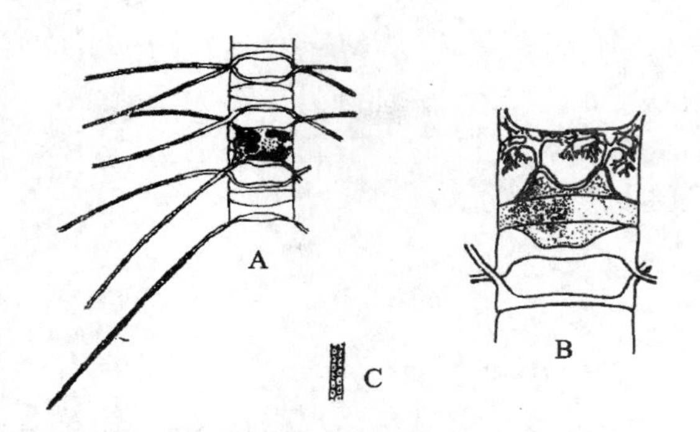

A. 细胞链宽环面观；B. 休眠孢子；C. 部分角毛放大

图 4-9　洛氏角毛藻(*Chaetoceros lorenzianum*)

B. 盒形藻科 Biddulphiaceae

盒形藻属 *Biddulphia*：本属藻体常以扁柱形(宽环面观)出现；单个生活也常连成直的或折线形的群体，壳面椭圆形或近圆形，中部凸、凹或平。在壳面长轴的两端各生一丘状的短角或突出，呈长角状。在壳面中央生两支短刺或靠近长角各生一长刺。壳面有辐射排列的点纹，壳环面的点纹与贯壳轴平行，呈直线形排列。色素体小颗粒状，数目多。常见种类见图 4-10。

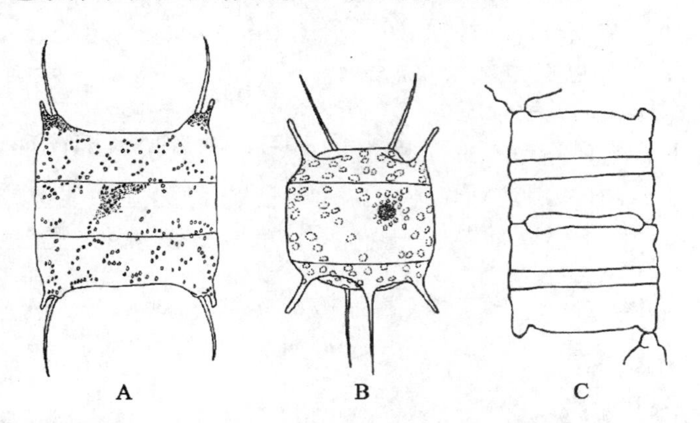

A. 中华盒形藻 *Biddulphia sinensis*；B. 活动盒形藻 *B. mobiliensis*；
C. 平滑盒形藻 *B. levis*

图 4-10　盒形藻属

(二)羽纹纲 Pennatae

1. 无壳缝硅藻目 Araphidinales

海线藻科 Thalassionemaceae

海线藻属 *Thalassionema*：海线藻属细胞环面观长方形，两端同型或异型。

壳面观细胞中部从加宽到线形(从纺锤状到针状),或在中部或端部加宽,或一端钝圆另一端尖细。中线区宽。边缘处有一圈垂直于壳缘的眼纹。常见种类见图 4-11。

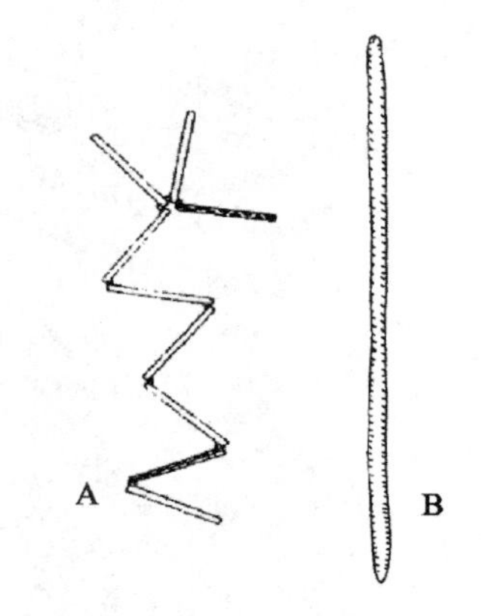

A. 群体环面观;B. 细胞壳面观

图 4-11　菱形海线藻

(引自 Tomas 等,1997)

2. 有壳缝硅藻目 Raphidinales

A. 单壳缝亚目 Monoraphidineae

褐指藻科 Phaeodactylum

褐指藻属 *Phaeodactylum*:只有三角褐指藻(*P. tricornutum*)一个种。藻体单细胞,通常有 3 种类型:卵形、纺锤形、三叉形,三叉形较少出现。卵形细胞常借一个硅质化的壳运动,而纺锤形细胞缺乏硅质壳,不能运动。单个色素体。见图4-12。

B. 双壳缝硅藻亚目 Biraphidineae

舟形藻科 Naviculaceae

(1)舟形藻属 *Navicula*:本属藻体壳面有直的壳缝和中央结节,舟形。细胞 3 个轴都是左右对称。环面观长方形。每个细胞有色素体两个,分别位于环带的两侧。常见种见图 4-13。

图 4-12　三角褐指藻(引自 Tomas 等,1997)

(2)曲舟藻属 *Pleurosigma*:本属壳面线形或箭形,但总是呈 S 形弯曲。壳缝也呈 S 形,在中线上或偏在一侧。中央结节常小而圆。壳环面狭。色素体两个,带状。常见种类见图 4-14。

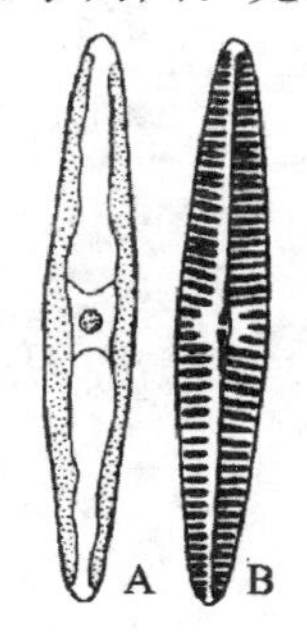

A. 细胞壳面观,示色素体形态;

B. 细胞壳面观,示壳缝

图 4-13　直舟形藻

(引自 Tomas 等,1997)

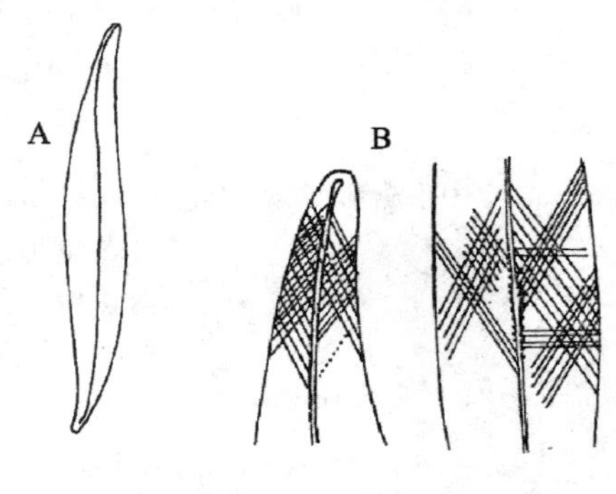

A. 藻体形态;B. 壳面花纹

图 4-14　曲舟藻属 *Pleurosigma*

C. 菱形硅藻亚目 Nitzschioideae

棍形藻科 Bacillariaceae

菱形藻属 *Nitzschia*：本属藻体细胞梭形，断面菱形。单独生活或成群体。壳缘有管壳缝。色素体一般两个，极少多个。常见种类见图 4-15。

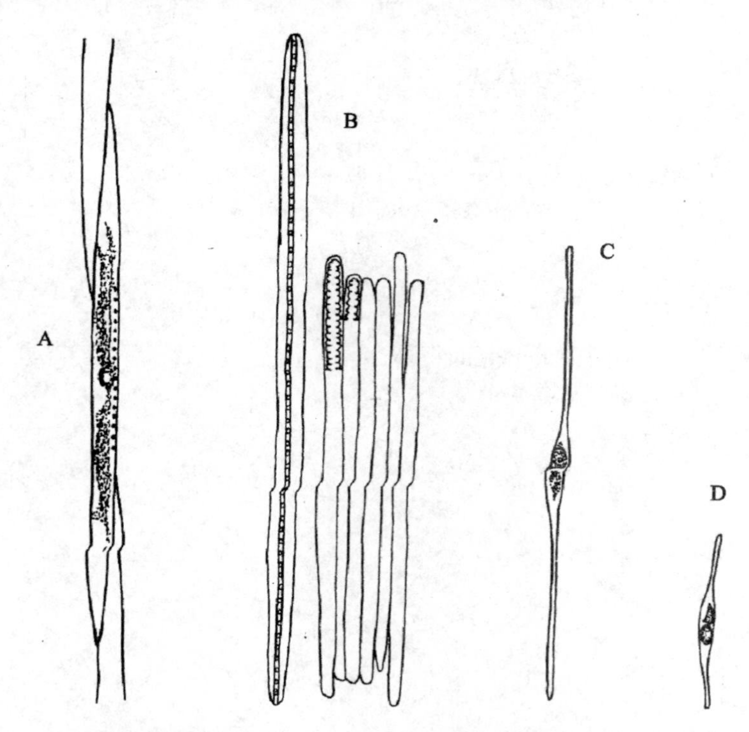

A. 尖刺菱形藻 *Nitzschia pungens*；B. 奇异菱形藻 *N. paradoxa*；C. 长菱形藻 *N. longiasima*；D. 新月菱形藻 *N. closterium*

图 4-15　菱形藻属

D. 双菱硅藻亚目 Surirelloideae

双菱藻科 Surirellaceae

双菱藻属 *Surirella*：本属藻体壳环面细长或楔形。壳面细长，椭圆形、卵圆形，有时中部收缩。肋纹由中线射出，肋内有点条纹。中央区线形或箭形，构造常不明显。壳缘有波状翼的船骨突，为管壳缝。色素体片状，两个。常见种见图 4-16。

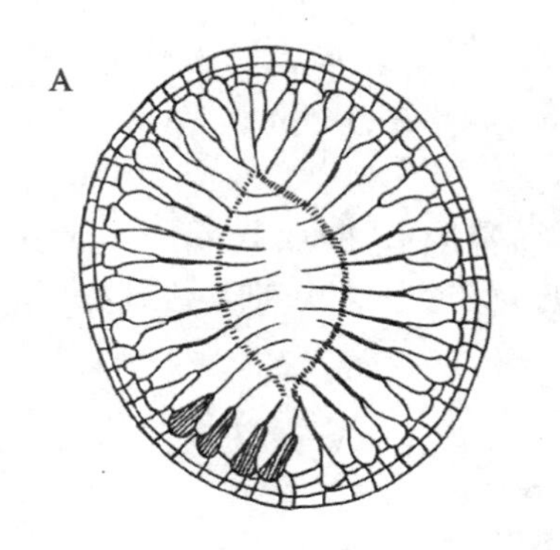

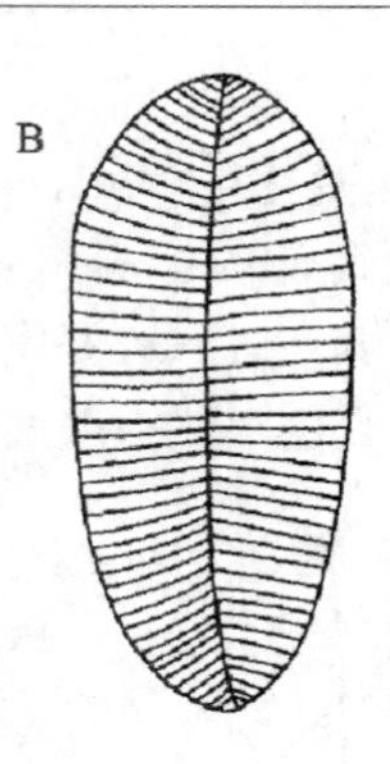

A. 华壮双菱藻 *Surirella fastuosa*；B. 芽形双菱藻 *Surirella gemma*

图 4-16　双菱藻属(B. 引自金德祥等，1965)

四、实验要求

(1)观察掌握不同类群的壳面特征。

(2)区分舟形藻属与曲舟藻属。

(3)按教师指定种类绘图。

实验五　褐藻门代表种类的形态结构

一、实验目的

通过对褐藻门代表种类的形态和结构观察，了解褐藻门植物的主要分类特征，加深对其结构与生物学特性适应的理解。

二、材料和器具

（1）实验材料：褐藻门 Phaeophyta 代表种类的新鲜材料或液浸标本。

（2）实验器具：每人显微镜 1 台、培养皿 1 套、载玻片和盖玻片各 2 张，解剖工具 1 套（单面刀片、自备解剖针 2 支、尖头镊子 1 把），纱布 1 块。

三、实验内容

（一）褐子纲 Phaeosporeae

1. 水云目 Ectocarpales

A. 水云科 Ectocarpaceae

水云属 *Ectocarpus*：藻体为异丝体，由单列细胞组成并生分枝；色素体侧生，不规则带状或盘状。分枝顶端尖细，或延伸成无色毛。一般的物种由主轴基部生出假根，也有不少物种由基部生出丝体伸入其他藻内生长。孢子体产生两种孢子囊，即单室孢子囊（游孢子萌发成配子体）和多室孢子囊（游孢子萌发成孢子体）（图 5-1）。生于潮间带岩石上或石沼中，或附生于其他藻体上。

B. 褐壳藻科 Ralfsiaceae

褐壳藻属 *Ralfsia*：藻体黑褐色，呈革质壳状，由基部全面紧密附着于基质上或由基部生出假根附着于基质上。幼期圆形，边缘光滑，常具同心纹圈；老期粗糙成疣状，松脆易碎。藻体分两层，基层藻丝呈放射状，下生假根，上生同化丝，有时藻体边缘与基质分离，两面都具有同化丝。细胞侧面紧密连接，细胞壁褐黑色，每个细胞 1 个色素体。长而无色的毛生于细胞的上壁，与毛基分生组织生于短丝体末端，或直接生于基部细胞，好像埋藏在紧密的藻丝里，它们单生或成束生长。单室孢子囊在群体上部集生成群，侧生于隔丝基部。配子囊生于直立丝的顶端。着生于中潮至低潮带岩石上，常见于石沼周围（图 5-2）。

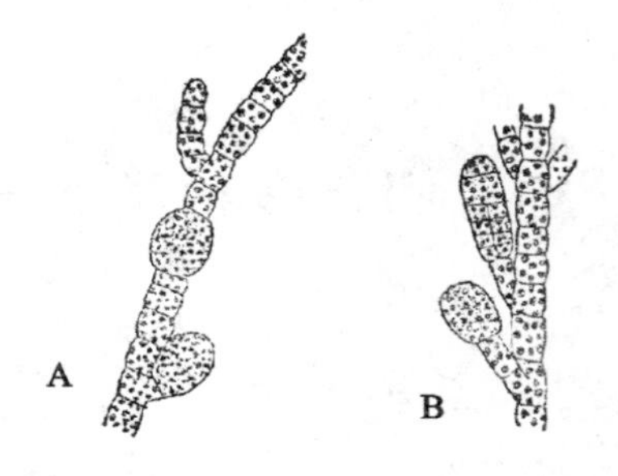

A. 藻体具有单室孢子囊；B. 藻体具有单室及多室孢子囊

图 5-1　水云属(仿 G. M. Smith)

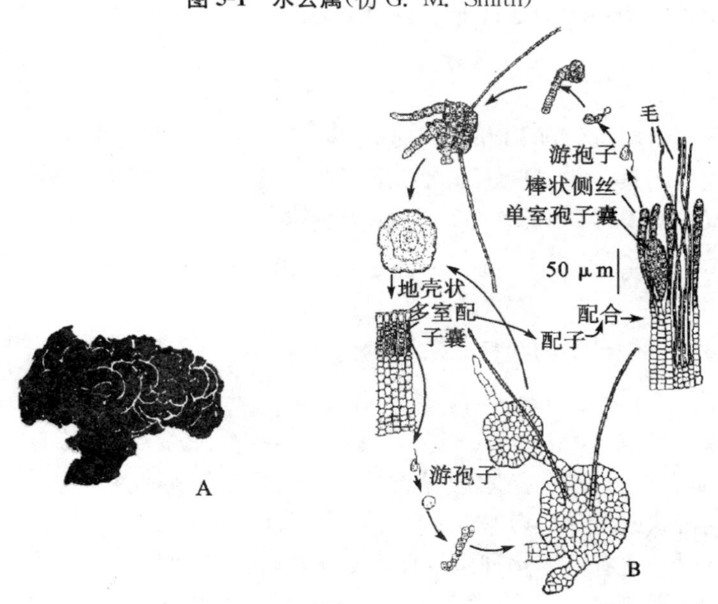

A. 蕈状褐壳藻的藻体外形；B. 褐壳藻生活史

图 5-2　褐壳藻的藻体形态及生活史

(A引自 H. C. Bold，1978；B引自 R. E. Lee，1980)

2. 黑顶藻目 Sphacelariales

黑顶藻科 Sphacelariaceae

黑顶藻属 *Sphacelaria*：藻体小，丛生成束或分散成席形，由盘形基部或匍匐小枝附生基层或钻入其他藻体组织内，直立枝生多数小枝，呈刷形。顶端细胞含大核，原生质浓稠，横分裂成节部细胞。营养体繁殖很普遍，由营养枝上生出三分枝或二分枝的繁殖枝，繁殖枝断离母体后，再附着在基质上，继续生长。

有性繁殖产生单室孢子囊,无性繁殖产生多室孢子囊(图 5-3)。

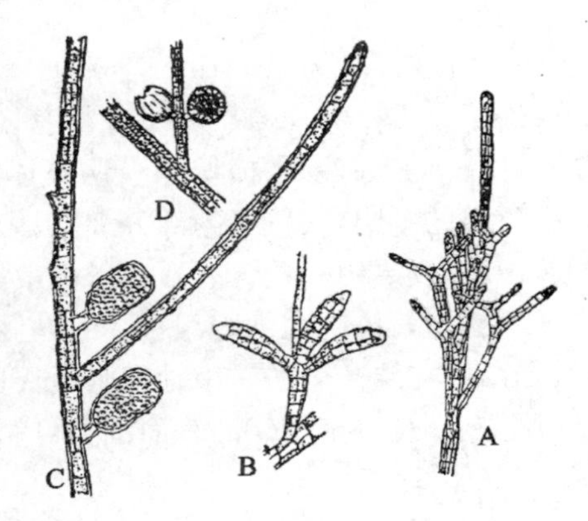

A. 分枝(*S. hystrix*); B. 繁殖枝(*S. cirrhosa*); C. 多室孢子囊; D. 单室孢子囊

图 5-3 黑顶藻属

(A,B 仿 Sanvageau; C 仿 Kuckuck)

3. 索藻目 Chordariales

索藻科 Chordariaceae

索藻属 *Chordaria*:藻体分枝,枝细圆柱状。髓部由纵向圆柱状细胞组成的无色丝体结合而成,由它向外生短的棒体细胞,形成狭的皮层,同化丝由皮层生出后又分枝,分枝联合成紧密的一层,末端常被厚壁。毛丝体从中间伸出。在生长点具有一些中轴丝。在顶端同化丝的基部都具有不明显的分生细胞,在藻体的顶端形成扇形。单室孢子囊生于同化丝的基部(图 5-4)。

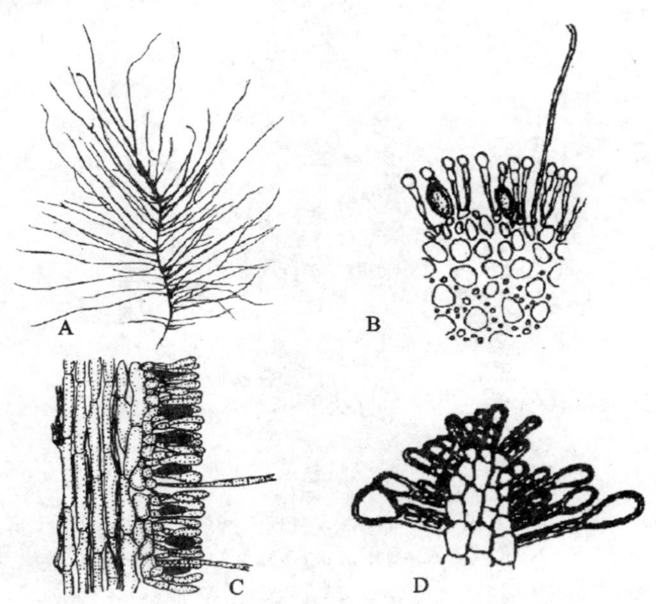

A. 藻体外形; B. 藻体横切面示边缘部分及单室孢子囊;
C. 藻体纵切面; D. *C. firma* Gepp. 示生长点

图 5-4 索藻属

(A,B 引自 H. C. Bold, 1978; C 引自 R. E. Lee, 1980; D 引自郑柏林、王筱庆,1961)

4. 酸藻目 Desmarestiales

酸藻属 *Desmarestia*：藻体分枝密。基部由盘形固着器固着在岩石上。主枝和分枝呈扁圆柱状，横切和纵切藻体的任何部分，可见中间由一大的中轴与许多延长的细胞，在较老的部分细胞具有厚壁；在成熟部位，中轴由宽的皮层细胞包被，外皮层由一些含有扁豆形色素体的小细胞组成。内皮层由一些含有几个或不含色素体的大细胞组成。在皮层细胞间掺有许多较小的细胞组成的藻丝，是由内皮层产生的。中轴细胞延长贯穿整个藻体，产生许多分枝，在细胞的横壁上有小孔。孢子体的表面细胞可切线分裂形成游孢子囊，在皮层细胞集生成小群(图 5-5)。

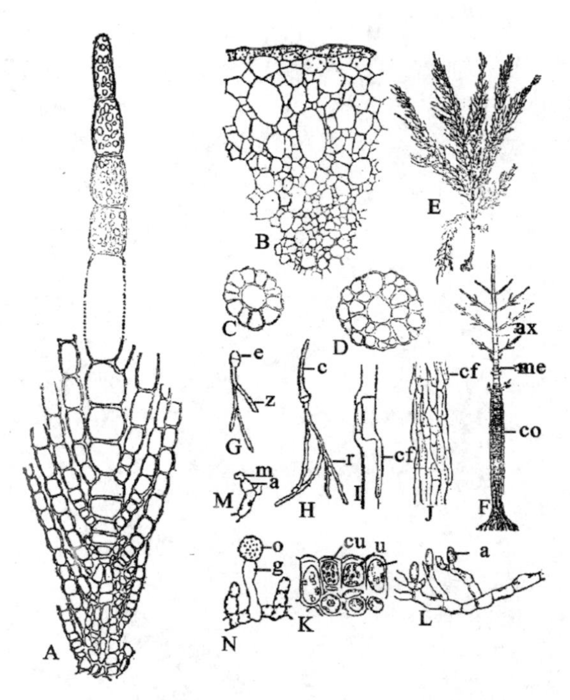

A. 藻体顶端；B.“茎”的横切面；C,D. 分枝不同生长期的横切面；E. 藻体外形，主枝有分枝；F～N. 酸藻 *Desmarastia aculefa*（L.）Lam. 早期发育；F. 幼体图解；G,H. 幼胚；I,J. 皮层的发育；K. 孢子囊切面观；L. 配子体；M. 放散精子；N. 雌配子体

a. 精子囊；ax. 主轴；c. 色素体；co. 皮层；cf. 皮层丝；cu. 角质膜；e. 直立丝；g. 卵囊；m. 精子；me. 分生细胞；o. 卵；r. 假根；u. 单室孢子囊

图 5-5 酸藻 *Desmarestia viridis*（Müil）Lamx 形态及内部构造

（A～D 仿冈村；E 仿 Taylor；F～J,K 仿 Kuckuck；L～N 仿 Schreiber）

5. 网管藻目 Dictyosiphonales

A. 点叶藻科 Punctariaceae

点叶藻属 *Punctaria*：藻体呈宽带形叶片状，1 至几个直立叶状体，具有盘状固着器，基部有一短而细的柄。表面生有成束多细胞的毛。叶状体的中部厚度为 3～7 层细胞，内部细胞比表层细胞大。单室孢子囊由表层细胞形成，横切面为扁立方形，埋生在藻体表层；多室孢子囊往往集生成小群，没有隔丝，多列，横切面为扁立方形，往往顶端露出藻体表面（图 5-6）。

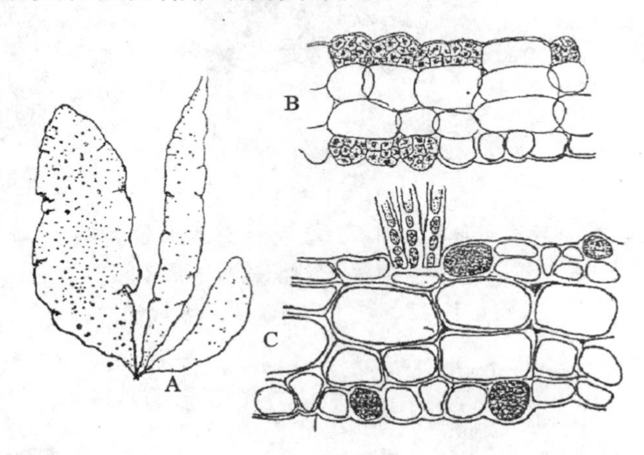

A. 点叶藻 *Punctaria latifolia* Grev. 藻体外形；B. 藻体横切面示多室孢子囊；C. 藻体横切面示单室孢子囊

图 5-6　点叶藻的外部形态及内部构造（仿郑柏林等，1961）

B. 萱藻科 Scytosiphonaceae

萱藻属 *Scytosiphon*：藻体为黄褐色，单条圆柱状的管状体，藻体上有明显的收缢，固着器盘状。幼体藻体内部由大型、无色圆柱状细胞组成髓部；随着藻体长大，髓部中央成为空腔；髓部以外的细胞较小，横切面呈圆形、多边形；表层细胞最小，排列紧密，含有色素体，向外生毛。多室孢子囊由配子体的表层细胞产生（图 5-7）。

6. 海带目 Laminariales

A. 海带科 laminariaceae

海带属 *Laminaria*：孢子体大型，长可达 5～6 m，褐色，有光泽，分化成固着器、“茎”及“叶”三部分。固着器具有分枝，枝端膨大；“茎”为圆柱状或扁圆柱状；“叶”扁平，单片。“茎”和“叶”均由髓部、皮层及表皮三部分组成，“叶”和“茎”具有黏液腔。无性繁殖时，由叶片表皮细胞产生孢子囊，孢子囊集生成群，暗褐色，在叶的两面不规则分布(图 5-8)。

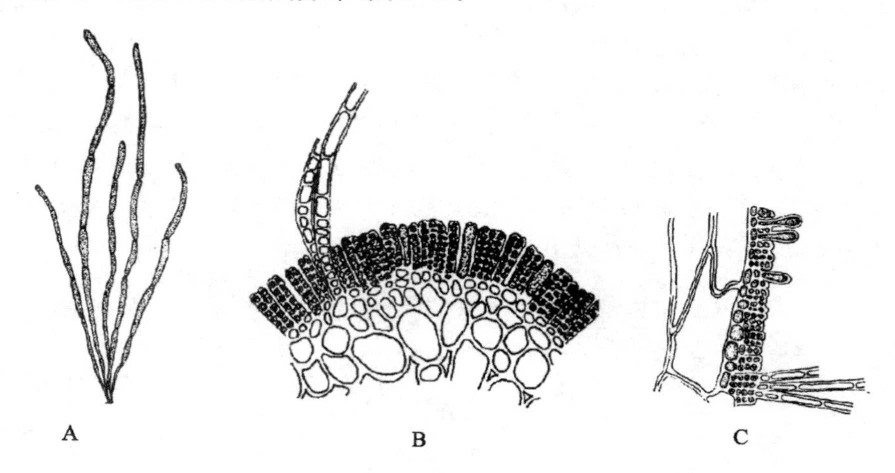

A. 藻体外形；B. 藻体横切面示毛丝体、髓部、隔丝及多室孢子囊；
C. 藻体纵切面示毛丝体、髓部和隔丝

图 5-7　萱藻属(仿郑柏林等，1961)

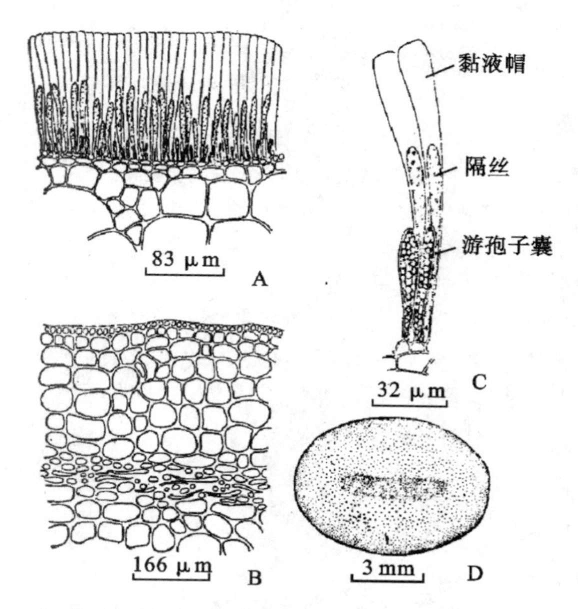

A. 叶片横切面示游孢子囊；B. 叶片中部横切面；
C. 高倍镜下的游孢子囊、隔丝、黏液帽；D. 柄部横切面

图 5-8　海带属(引自曾呈奎等，1962)

B. 翅昆布科 Alariaceae

裙带菜属 *Undaria*：藻体幼期卵形或长叶片状，单条，在生长过程中逐渐羽状分裂。藻体黄褐色，分为叶片、“茎”和固着器三部分。内部构造与海带相似，分为表皮、皮层及髓三部分，表皮有黏液腺细胞。无性繁殖时，形成孢子叶，孢子囊生于孢子叶的边缘(图 5-9)。

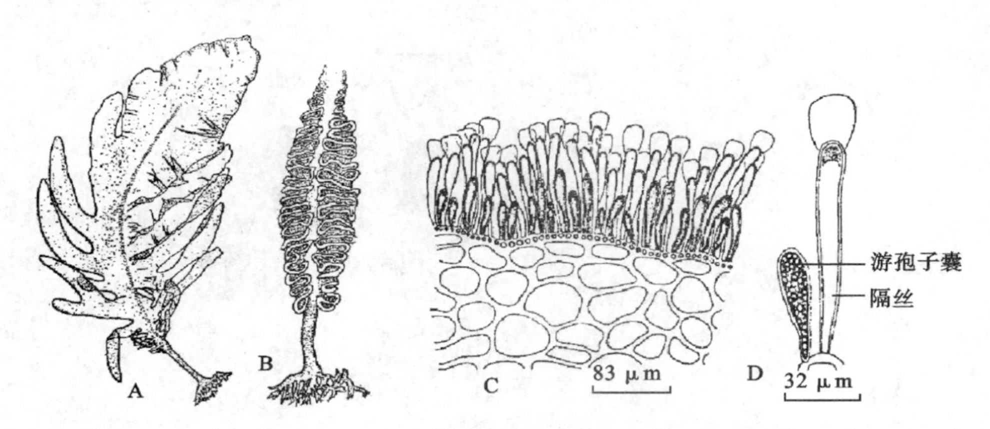

A. 藻体形态；B. 孢子叶外形；C. 孢子叶的切面观；
D. 高倍镜下的游孢子囊与隔丝

图 5-9　裙带菜的藻体形态和内部构造

(二)不动孢子纲 Alanosporeae

网地藻目 Dictyotales

网地藻科 Dictyotaceae

(1)网地藻属 *Dictyota*：藻体褐色，膜质，扁平重复二歧分枝，基部由分枝假根或固着器固着于基质。成熟藻体分三层，中层由大的截面呈长方形的无色或含几个色素体的细胞组成，其中含有反光强的小球体。外层有小的含有色素体的细胞组成，无色毛生于藻体表面，在进行生殖时脱落。无性繁殖孢子囊球形，单生或集生，由表层细胞形成。有性繁殖为雌雄异体，精子囊与卵囊分布于整个藻体，表面观为椭圆形，切面观为线形(图 5-10)。

(2)网翼藻属 *Dictyopteris*：藻体外形扁平带状，具中肋，叉状分枝。内部结构由髓部及皮层两部分组成：髓部细胞横切面呈多边形，皮层细胞横切面呈稍正方形，含多数色素体。中肋部由长形髓细胞与等边的皮层细胞组成，有 4～6 层细胞，中肋两侧有两层细胞。孢子囊小，为长卵形，生于藻体上部中肋的两侧，排成数列(图 5-11)。

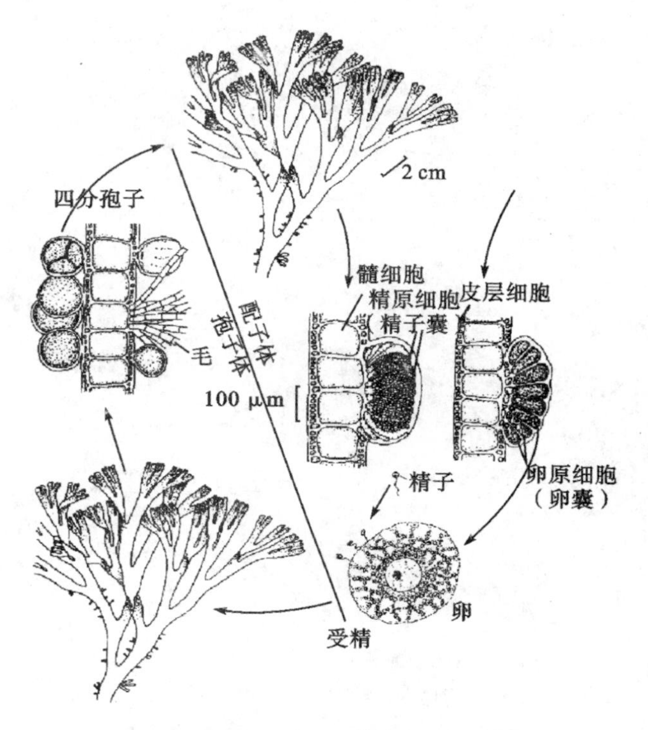

图 5-10　网地藻生活史(引自 R. E. Lee，1980)

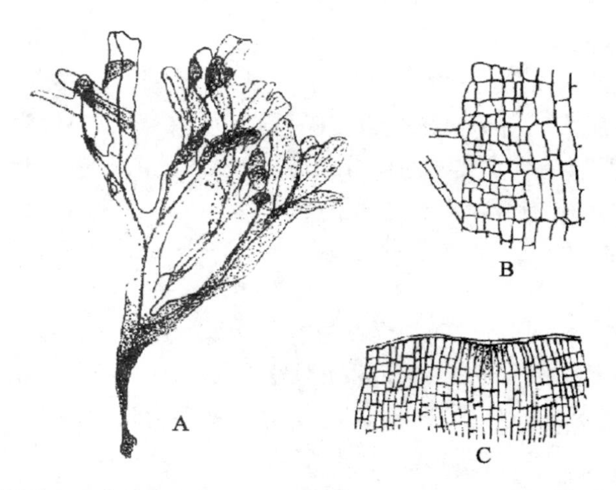

A. 藻体外形；B. 膜状网翼藻中肋的纵切面；C. 膜状网翼藻分枝的顶端细胞

图 5-11　网翼藻的外部形态及内部构造(仿郑柏林、王筱庆，1961)

（三）圆子纲 Cyclosporeae

A. 鹿角菜科 Fucaceae

鹿角菜属 *Pelvetia*：藻体线形，叉状分枝。固着器盘状。枝扁平至扁圆，无中肋。藻体呈软骨质，新鲜时呈橄榄绿色，干燥时变黑。内部构造分为表皮、皮层和髓三部分：表皮细胞较小，横切面呈长方形，排列紧密，含有多数粒状色素体，表皮外有一层黏质膜；内为皮层，靠表皮的 2～3 层细胞排列整齐，横切面呈正方形，内面的 2～4 层细胞横切面呈椭圆形，排列不整齐；中央的髓部细胞由纵横的丝状细胞组成，细胞被黏质分隔。繁殖时在孢子体上产生生殖托和生殖窝，为雌雄同体，雌雄共窝（图 5-12）。

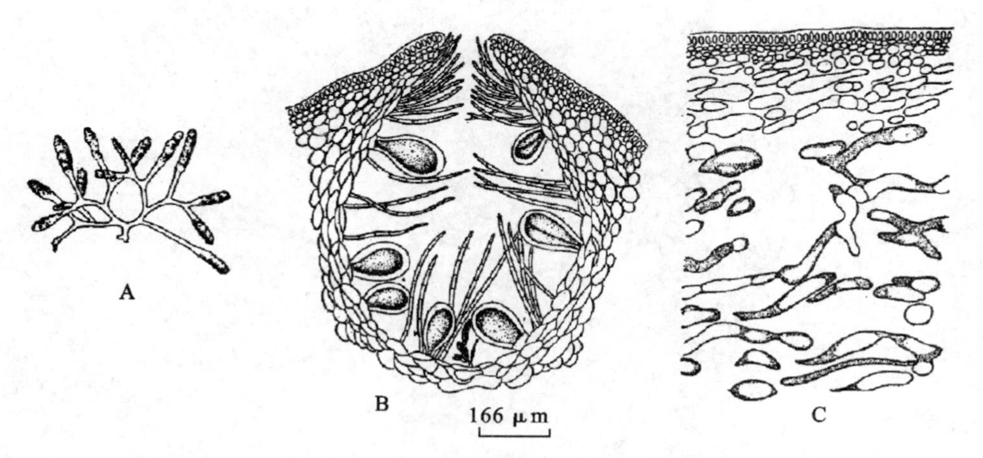

A. 藻体外形；B. 雌、雄同窝的生殖窝横切面；C. 藻体中部分枝的横切面

图 5-12　鹿角菜（引自曾呈奎等，1962）

B. 马尾藻科 Sargassaceae

（1）马尾藻属 *Sargassum*：藻体多年生，分为固着器、主干和“叶”三部分。固着器为圆锥状、盘状、瘤状、假盘状、假根状等；主干圆柱状或扁压，分叉或不分叉；向两侧或四周辐射分枝，多数为圆柱形，扁压、扁平或棱状等；“叶”扁平或棍棒状，形态变异较大。次生分枝、气囊和生殖托都生在叶腋处，生殖托纺锤形或圆锥形、三角形、梭形，表面光滑或有刺。繁殖为雌雄同体或异体，雌雄同窝或异窝。生殖窝由表皮细胞产生，卵直接由生殖窝壁细胞产生，每个卵囊内只形成 1～2 个卵；精子囊在生殖窝的隔丝上产生，一般生长在隔丝分枝的基部（图 5-13）。

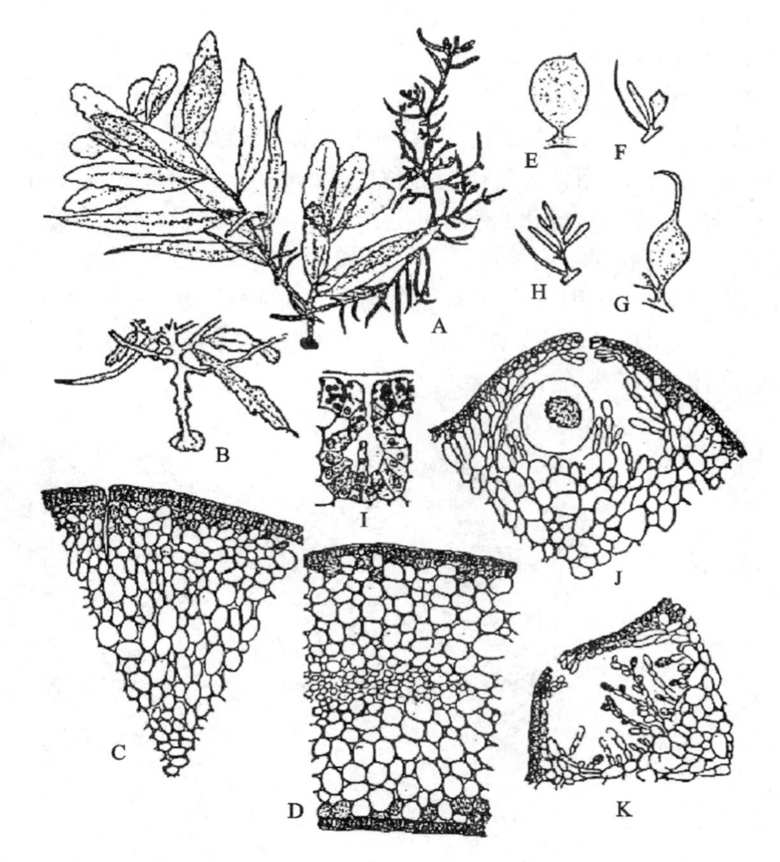

A. 藻体外形具生殖枝；B. 藻体基部枝痕；C. 茎的横切面；D. 叶的横切面；
E～G. 气囊；H. 生殖托；I～K. 生殖窝切面(I. *S. filipendula*. Ag. 幼生殖窝切面，
J. 雌生殖窝切面，K. 雄生殖窝切面)

图 5-13　海蒿子(仿郑柏林、王筱庆，1961)

(2)羊栖菜属 *Hizikia*：藻体多年生，固着器假根状。主干直立，圆柱形。分枝圆柱形或亚圆柱形，次生分枝从初生分枝的叶腋中长出，比较短。藻叶肉质，肥厚，初生藻叶多数扁压，卵圆形，但很快脱落，次生藻叶多数棍棒状，顶端钝或尖，边缘全缘或有浅锯齿，顶端常常膨大，转化成气囊，气囊纺锤形、卵圆形，雌雄异株。生殖托从叶腋长出，长圆形或圆柱形。生长在低潮带和大干潮线下的岩石上、经常为浪水冲击的处所。藻体成熟后，枝叶烂去，基部继续留存，并再生嫩枝。见图 5-14。

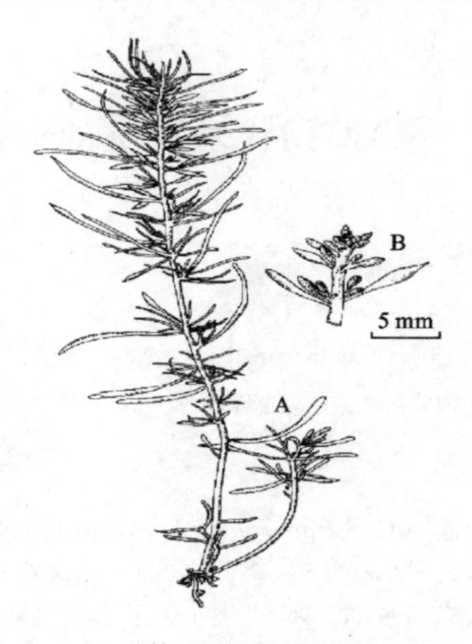

A. 藻体；B. 气囊和生殖托

图 5-14　羊栖菜 *Hizikia fusiforme* (Har.)Okarmura

(仿曾呈奎,陆保仁,2000)

四、实验要求

(1)区别:①海带属和裙带菜属;②网地藻属和网翼藻属。

(2)区别单室孢子囊和多室孢子囊。

(3)区分假薄壁组织和薄壁组织。

(4)按教师要求绘图。

实验六　绿藻门代表种类的形态结构

一、实验目的

通过对绿藻门绿藻纲代表种类的形态和结构观察，了解藻体的结构特征，并加深对其结构与生物学特性适应的理解。

二、材料和器具

(1)实验材料：绿藻门 Chlorophyta 典型代表种类标本。

(2)实验器具：每人显微镜 1 台、培养皿 1 套、载玻片和盖玻片各 2 张、解剖工具 1 套(单面刀片、自备解剖针 2 支、尖头镊子 1 把)、纱布 1 块。

三、实验内容

(一)团藻目 Volvocales

1. 多毛藻科 Polyblepharidaceae

盐藻属 *Dunaliella*：藻体单细胞，由于没有细胞壁，体形变化很大，有梨形、椭球形、长颈形甚至基部尖削；大小有差别，一般大的长为 22 μm，宽为 14 μm；小的长为 9 μm，宽为 3 μm。色素体杯状，在色素体内靠近基部有一个大的淀粉核；眼点大，位于藻体上部；鞭毛两根，在藻体前端着生，约为体长的 1/3(图 6-1)。

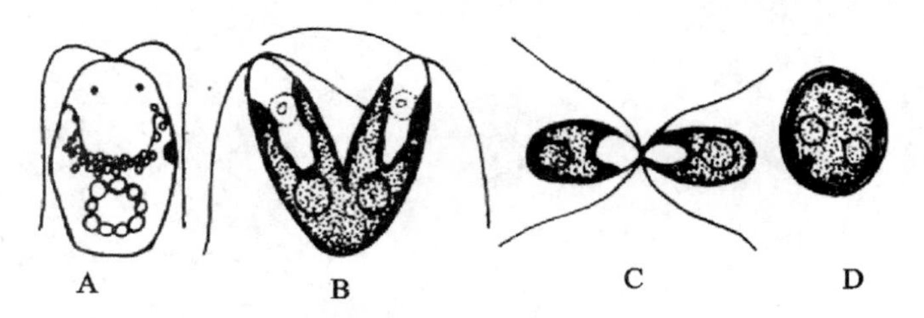

A. 细胞形态；B. 细胞分裂；C. 配子接合；D. 合子

图 6-1　盐生杜氏藻(引自郑柏林、王筱庆，1961)

2. 衣藻科 Chlamydomonadaceae

扁藻属 *Platymonas*：藻体单细胞椭球形，有细胞壁，背腹侧扁，腹面上有一条腹沟。4 条鞭毛分成两组；杯状色素体，内有 1 个淀粉核；橘红色眼点 1 个。一般的细胞长 15～17 μm，宽 7～10 μm，厚 4～5 μm；鞭毛比细胞短，为 9～12 μm（图 6-2）。

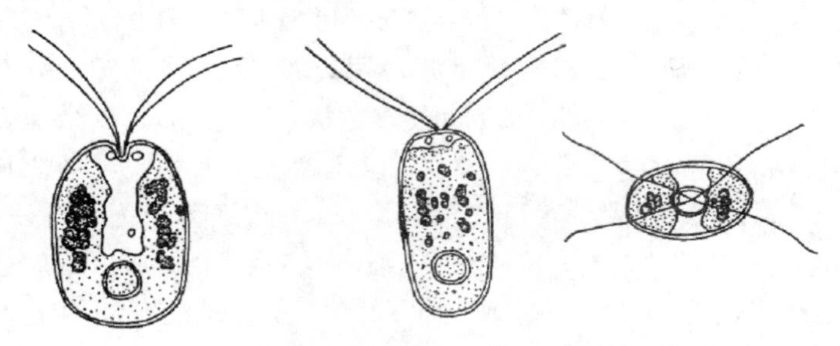

A. 正面观；B. 侧面观；C. 顶面观

图 6-2　扁藻 *Platymonas tetrathele*

（二）丝藻目 Ulothrichales

丝藻科 Ulothrichaceae

丝藻属 *Ulothrix*：藻体为单列细胞构成的不分枝丝状体，细胞为圆筒状；基部细胞长，无色，为固着器。细胞壁厚薄不等；色素体 1 个，环状或筒状，内含 1 个或数个淀粉核。

软丝藻 *Ulothrix flacca*：海生，藻体为单列细胞的丝状体，鲜绿色。通常很多条丝状体纵横交织在一起，呈棉絮状。细胞圆筒形，营养时期细胞直径为 9～12 μm，长为 4～6 μm；生殖时期细胞的长宽几乎相等，长为 9 μm，宽为 7 μm。色素体环状侧生（图 6-3）。

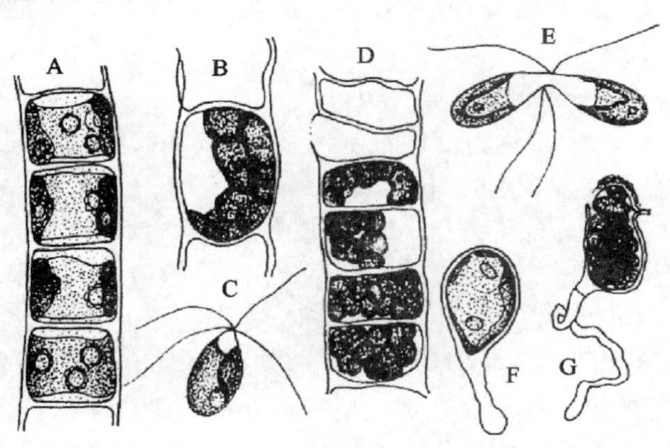

A. 示藻体细胞结构；B、C. 游孢子的形成；D～G. 示配子的形成、接合和合子萌发

图 6-3　丝藻属（引自 H. C. Bold，1978）

（三）石莼目 Ulvales

1. 礁膜科 Monostromataceae

礁膜属 *Monostroma*：藻体为单层细胞的叶状体，但幼期常中空呈囊状，成长时，由顶端开始分裂而成裂片，最后分裂到基部，分裂后的裂片呈丛生状。

囊礁膜 *Monostroma angicava*：幼时为囊状，长成后部分或全部破裂成数片膜状，缘无裂褶，黄绿至暗绿色，高 10～18 cm，柔软而黏滑。藻体由单层细胞组成，厚 40～60 μm。表面观细胞呈卵圆形至长方形，细胞长为 12～18 μm，宽为 6～9 μm；横切面观，细胞长方形，四角钝圆，长径为 24～30 μm，短径为 6 μm。基部细胞延长为丝状，并集合成固着器。海生，多生长在海湾内的沙砾或泥滩上，或潮间带带有沙砾的岩石上。生长季节为 1～5 月份，3～4 月份最盛。主要分布在中国黄海、渤海沿岸（图 6-4）。

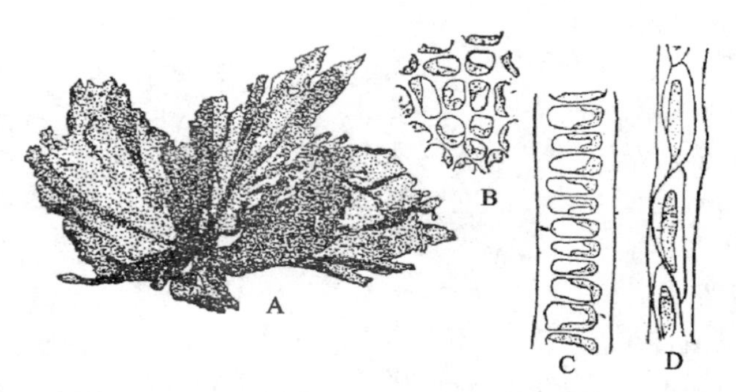

A. 藻体外形；B. 藻体表面；C. 藻体横切面；D. 藻体基部纵切面观

图 6-4 礁膜 *Monostroma angecava* Kjellm（M. Wittrockii）

2. 石莼科 Ulvaceae

（1）石莼属 *Ulva*：藻体为两层细胞的叶状体，基部由营养细胞延伸成假根丝，形成固着器。1 个杯状色素体。

孔石莼 *U. pertusa*：藻体幼时绿色，长大后为碧绿色；形态差异大，有卵形、椭球形、披针形和圆形等，但都不规则。边缘略有皱或稍呈波状。藻体表面常有大小不等不甚规则的穿孔，并且随着藻体长大，几个小孔可裂为一个大孔，最后使藻体形成几个不规则的裂片状。藻体高为 10～40 cm。固着器盘状，柄不明显，藻体基部较厚。横切面观细胞呈纵长方形，长为宽的 2～3 倍。1 个细胞核，1 个大型色素体。分布于中底潮带的岩石上和石沼内。周年生长，分布很广，中国各海域均有分布（图 6-5）。

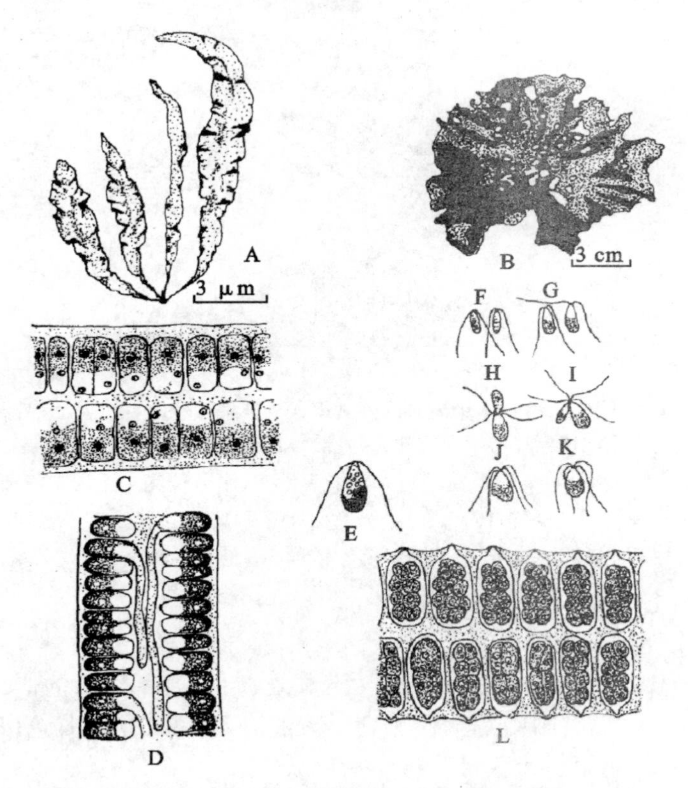

A. 长石莼；B. 孔石莼；C. 藻体横切面观示细胞形态；D. 藻体基部纵切面观示固着器的形成；E. 游孢子形态；F～K. 雌、雄配子及其接合；L. 配子囊纵切面观示配子的形成

（A～B. 引自曾呈奎等，1962；C～L. 引自 G. M. Smith，1955）

图 6-5 石莼属藻体外形及内部构造

（2）浒苔属 *Enteromorpha*：藻体单条或有分枝，圆管状中空，有时部分稍扁。藻体无柄，成熟时从基部细胞生出假根丝形成固着器。藻体单层细胞，细胞内有 1 个细胞核和 1 个片状色素体，一般含有 1 个淀粉核。生长于海湾内潮间带的岩石上或石沼中，全年均可生长。

肠浒苔 *E. intestinalis*：藻体管状中空，部分稍扁单条或基部有少许分枝，高为 10～20 cm，直径为 1～5 mm。单生或丛生，表面常有许多皱褶或藻体扭曲。柄部圆柱形，上部膨胀如肠形。除基部细胞稍纵列外，其他部分的细胞排列不甚规则。细胞表面观直径为 10～23 μm，呈圆形至多角形，细胞内有 1 个杯状色素体，内含 1 个淀粉核，横切面观偏于单层藻体的外侧。全年各月都能生长和繁殖（图 6-6）。

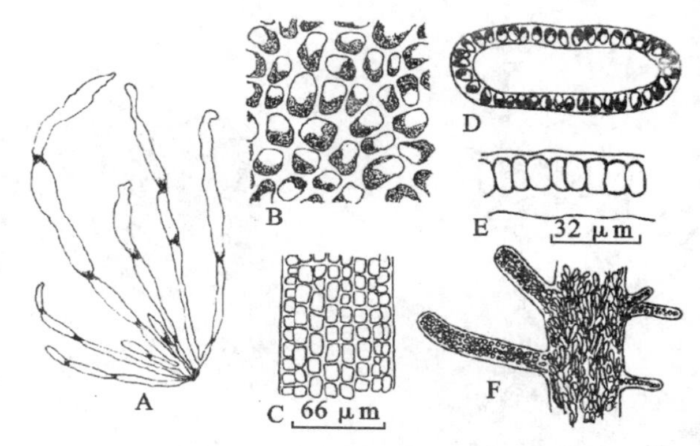

A. 藻体外形；B. 藻体表面观，示细胞排列不规则；C. 管浒苔藻体表面观，示细胞排列规则；D. 浒苔藻体横切面观，示中空管状，内外膜厚度相同；E. 肠浒苔藻体横切面观，示内外膜厚度不同；F. 条浒苔近基部的表面观，示分枝和主干细胞的根状化

（A，B，D. 引自郑柏林、王筱庆等，1961；C，E，F. 引自曾呈奎等，1962）

图 6-6　浒苔属的藻体形态及内部构造

（四）刚毛藻目 Cladophorales

刚毛藻科 Cladophoraceae

（1）刚毛藻属 *Cladophora*：藻体为分枝丝状体，基部以长的假根分枝来固着在基质上，丛生。细胞壁厚，中央含一大液泡，色素体呈网状，有许多淀粉核（图 6-7）。海生种生长于潮间带的石沼中或岩石上。

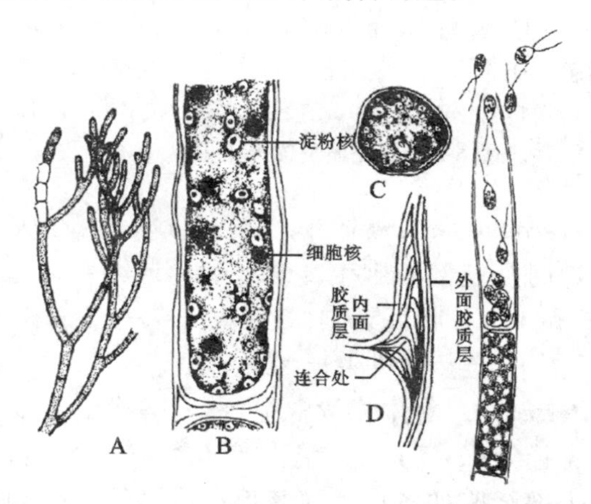

A. 藻体外形；B. 细胞纵切面示细胞核和淀粉核；C. 细胞横切面；D. 细胞壁膜的构造；E. 配子囊放散配子和营养细胞的色素体形态

（A，E. 引自 G. M. Smith，1955；B～D. 引自郑柏林、王筱庆等，1961）

图 6-7　团刚毛藻的藻体形态及内部构造

(2)硬毛藻属 *Chaetomorpha*：藻体单条不分枝，基部细胞较长为固着器。细胞多核，有一个网状色素体，内含多个淀粉核。细胞壁厚而硬(图 6-8)。多生于潮间带浪大的岩石上，少数生于淡水。

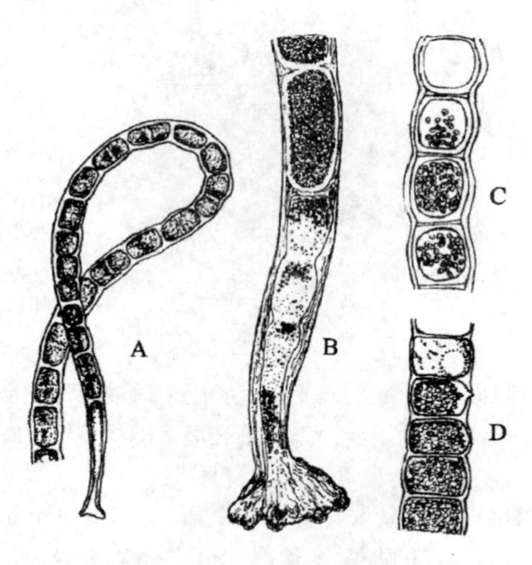

A. 藻体外形；B. 老藻体基部固着器；C. 游孢子囊；D. 游孢子将要放散
(A,C,D. 引自郑柏林、王筱庆等，1961；B引自 B. Fott，1971)

图 6-8　气生硬毛藻的藻体形态及内部构造

(五)管藻目 Siphonales

1. 羽藻科 Bryopsidaceae

羽藻属 *Bryopsis*：藻体根状枝多年生，直立枝 1 年或多年生。直立枝上的分枝，有的成两排羽枝状，有的小枝轮生在主轴上。细胞内含有许多细胞核及许多纺锤状色素体，每一个色素体含 1 个淀粉核，细胞中央有一大液泡(图 6-9)。

2. 松藻科 Codiaceae

松藻属 *Codium*：藻体的分枝呈圆柱状或稍扁，柔软如海绵，内部由无色分枝丝状体交织组成“髓部”，错综疏松；外部由棍棒状囊体(utricles)紧密排列组成“皮层”。内、外部丝状体无隔壁。幼囊体靠近顶端的周围生无色毛，毛脱落后残留痕迹。配子囊由囊体的侧面形成，卵形，基部产生隔壁与囊体隔开。

刺松藻 *Codium fragile*：藻体基部为大而盘状的固着器，上部为直立的圆柱形叉状分枝，枝直径为 1.5～5.0 mm，高为 10～30 cm。整个藻体为一个分

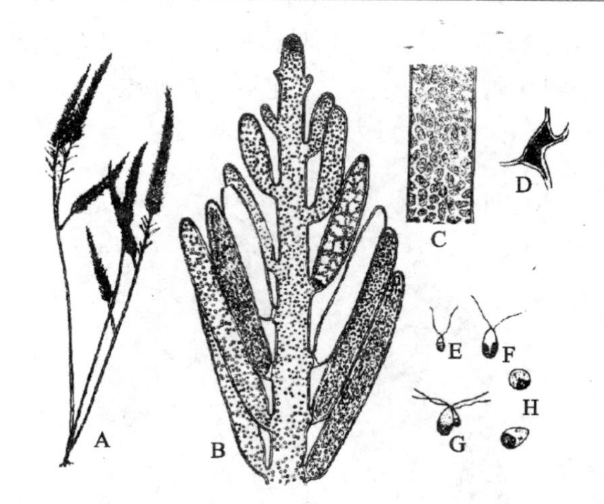

A. 大羽藻外形；B. 配子囊的形成和配子放散后的中空配子囊；
C. 一株雌性藻体的顶端部分配子囊；D. 配子囊基部的横隔壁；E. 雄配子；F. 雌配子；
G. 配子接合；H. 合子
（A. 引自 H. C. Bold，1978；B. 引自 G. M. Smith，1955；
C～H. 引自郑柏林、王筱庆等，1961）

图 6-9　大羽藻的藻体形态及内部构造

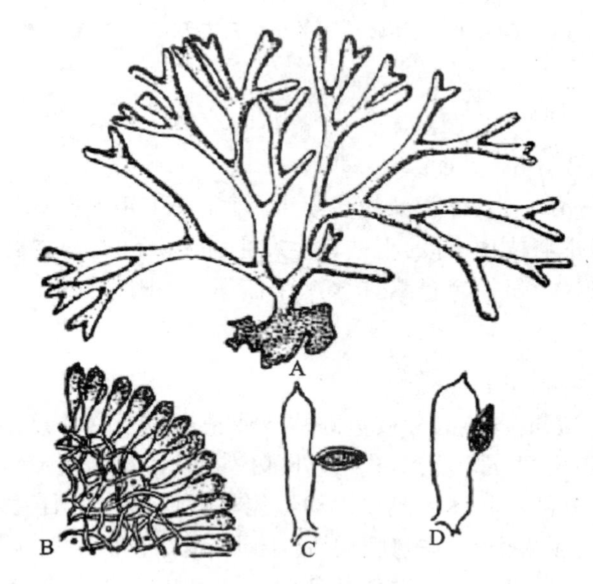

A. 藻体外形；B. 藻体横切面观；C. 雄配子囊；D. 雌配子囊

图 6-10　刺松藻 *Codium fragile*（Suri）Hariot

枝很多、管状无隔的多核单细胞体。藻体内部由无色分枝丝状体交织而成中央“髓部”；外部为由丝状体顶端膨大而成的囊体，紧密排列成栅栏状“皮层”。整个藻体含 1 个大液泡和许多不含淀粉核的粒状色素体，色素体侧生，多分布在囊体顶端。细胞核小，多数，位于色素体与液泡之间。配子囊棒状，在囊体侧面产生，每一囊体可以产生 1 个至数个配子囊。雄配子囊黄绿色，雄配子梨形狭小，只含 1～3 个黄绿色色素体，无淀粉核；雌配子囊深绿色，雌配子梨形，较宽大，所含色素体很多，色素体含淀粉核（图 6-10）。生长在低潮线附近的岩石上，全年均可生长，夏季特别繁盛。

四、实验要求

（1）用显微镜仔细观察海藻的外部形态和内部结构，重点是区别其细胞排列结构和繁殖器官特征。

（2）区分以下 2 组海藻：①盐藻与扁藻；②石莼、浒苔与礁膜。

（3）按教师指定的海藻的横切面结构画图。

第二部分　海洋浮游动物

实验七　原生动物的形态观察和分类

一、实验目的

通过对夜光虫、有孔虫、沙壳纤毛虫的形态观察，进一步掌握浮游原生动物 Protozoa 的一般形态特征及其分类特征，认识各类群的常见代表动物。

二、材料和器具

(1)实验材料：夜光虫浸制标本、有孔虫制片、沙壳纤毛虫混合浸制标本。

(2)实验器具：显微镜、解剖镜、载玻片、盖玻片、广口瓶、培养皿、滴管、镊子、解剖针等。

三、实验内容

(一)鞭毛虫纲 Mastigophora 腰鞭毛虫目 Dinoflagellata

夜光虫 *Noctiluca scientillans*：取一滴有夜光虫的水样置于载玻片上，肉眼可见水样中有透明小泡状的夜光虫，置于显微镜下观察。

(1)外形：夜光虫身体呈球状，无色透明，直径可达 2 mm，是原生动物中较大的种类。有时可因其所吃的食物过大而使身体扩大，并改变其原来形状；有时会因挤压而皱缩(图 7-1)。

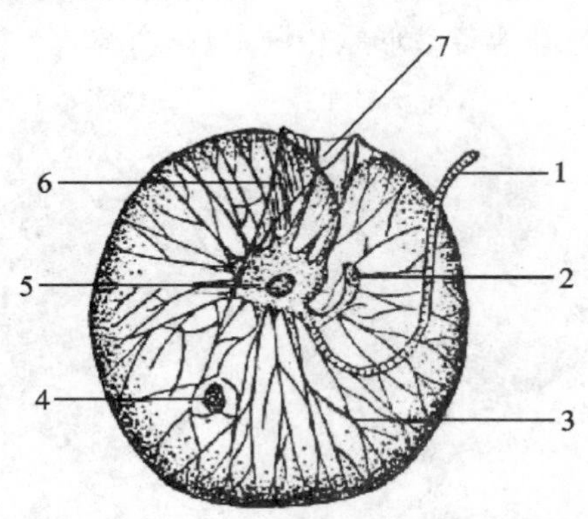

1. 触手；2. 纵鞭毛；3. 原生质；4. 食物泡；5. 细胞核；6. 杆状器；7. 纵沟

图 7-1　夜光虫(从王家楫)

(2)鞭毛:夜光虫属于鞭毛虫纲,具有鞭毛。其腹面有一纵沟,沟内有一条退化的纵鞭毛,该鞭毛细而短,活体可见,固定标本不易观察。试仔细调节细调节器观察鞭毛从何处生出。

(3)触手:夜光虫的纵沟一端有口,口旁有一条粗大的具有横条纹的鞭状触手,具有摄食的功能。

(4)细胞质:细胞质聚集成一个中央团,偏于细胞一边,并由中央团发出许多分支连接到细胞表面。

(5)细胞核:具有一个细胞核,位于中央团中,观察时注意核的大小与形状。

(6)食物泡:夜光虫细胞内还常见食物泡。夜光虫营动物性的异养生活,捕食硅藻及小型桡足类等,在体内形成食物泡。

(二)肉足虫纲 Sarcodina 有孔虫目 Foraminifera

有孔虫目是肉足虫纲根足亚纲动物在海洋中浮游的代表类群,种类多,数量大。有孔虫体表有由原生质分泌出来的物质形成的外壳,壳上有或大或小的孔,伪足由此伸出。有孔虫壳的形状变化很大,是分类的主要依据。

观察以下有孔虫的整体制片。观察时请注意比较各科有孔虫壳的大小、旋转方式、壳环数、每壳环房室数、壳缘形状、房室形状以及壳壁、壳口等,记录其异同。

1. 管棘虫科

管棘虫科动物的壳多室,初期塔式螺旋、平旋或双列旋卷,成体一般平旋。房室呈球形、卵形、棍棒形或管刺状,壳壁石灰质,多孔性。辐射结构,主壳口对称、赤道位,无次壳口。

管矛棘虫 *Hastigerina siphonifera*:管矛棘虫是我国东、南海普遍分布的种类,其壳壁厚,终室与其他各室形状相同,只是个体较大(图 7-2)。

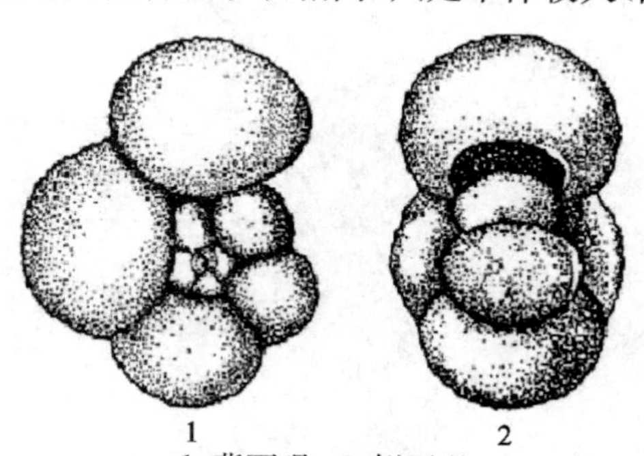

1. 背面观;2. 侧面观

图 7-2　管矛棘虫

2. 圆辐虫科

圆辐虫科动物的壳多室，扁塔式螺旋，房室呈卵形或球形。壳壁石灰质，多孔性，辐射结构，主壳口自脐部向壳缘延展。

镶边圆辐虫(敏纳圆辐虫)*Globorotalia menardii*：镶边圆辐虫壳缘呈瓣状，镶有壳质龙骨，易于鉴别，是优良的暖流指示种，分布于我国黄海、东海的黑潮暖流区(图 7-3)。

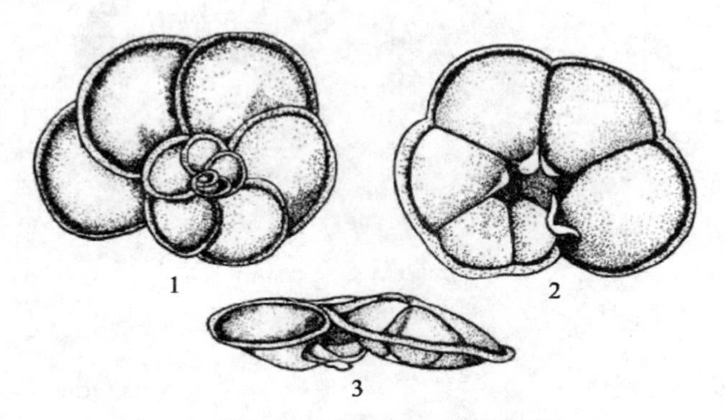

1. 背面观；2. 腹面观；3. 侧面观

图 7-3　镶边圆辐虫(敏纳圆辐虫)

3. 圆球虫科

圆球虫科动物的壳多室，塔式螺旋或扭螺旋。房室呈球形、卵形、棍棒形。主壳口开于脐部，自脐部向壳缘延展至螺旋面。具缝合线次壳口。

(1)伊格抱球虫 *Globigerina eggeri*：伊格抱球虫分布于我国东海、南海，在南海是优势种。壳具 2～3 个壳环，5～7 个房室组成最后壳环(图 7-4)。

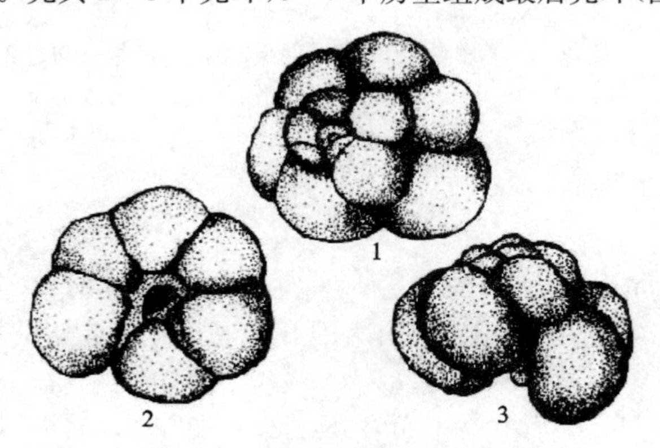

1. 背面观；2. 腹面观；3. 侧面观

图 7-4　伊格抱球虫

(2)斜室普林虫 *Pulleniatina obliquiloculata*：斜室普林虫在我国东海、南海均有分布。壳呈球形，由塔式螺旋转为扭螺旋。初期房室排列为球虫状，后期房室扭转包卷初期壳环，呈内旋式。壳口长弧形，位于终室基部内缘，具口唇(图 7-5)。

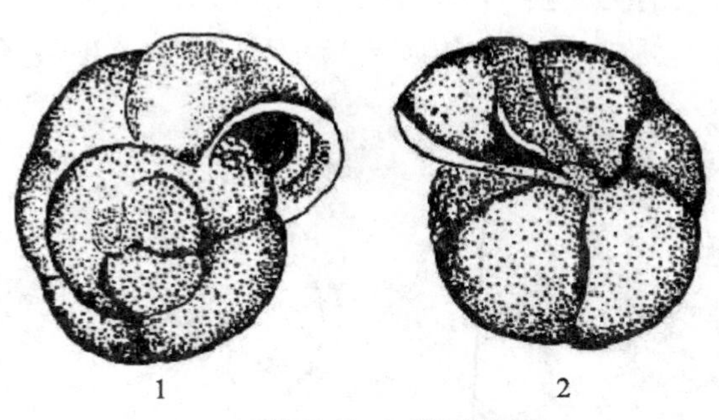

1. 背面观；2. 腹面观

图 7-5　斜室普林虫

(三)纤毛虫纲 Ciliata 沙壳纤毛虫目(筒壳虫目)Tintinnida

将沙壳纤毛虫混合浸制标本轻轻摇匀，取一滴置于载玻片上，盖上盖玻片，在显微镜下观察。

沙壳纤毛虫的身体呈圆锥形、杯形或喇叭形，体外有胶质或假几丁质的壳，细胞以末端固着在壳内。壳的形状与构造是鉴定种类的主要依据。有些种类(具胶质壳的种类)在壳的表面嵌有外来的小颗粒。本目动物主要分布于沿岸水域，较常见的有以下几个科的种类：

1. 沙壳纤毛虫科

本科动物的壳通常呈管状或各种囊状，壳壁上有细小的沙粒、泥土等杂物附着。

诺氏薄铃虫 *Leprotintinnus nordqvisti*：诺氏薄铃虫壳呈长筒形，背口端开口并向外翻，壳上附有许多沙粒。广泛分布于黄海和东海(图 7-6)。

2. 铃壳纤毛虫科

本科动物的壳壁薄，有沙粒或其他杂物附着。壳形多样，常为球形、圆锥形或圆柱形。背口端钝圆或尖突，没有大的开口或封闭。本科种类最多，数量最大。

(1)布氏拟铃虫 *Tintinnopsis butschlii*：壳呈倒钟形，口部扩张成喇叭状，附有沙粒。本种形状特殊，容易辨认。分布广泛，北自渤海、南至海南岛均有分布(图 7-7)。

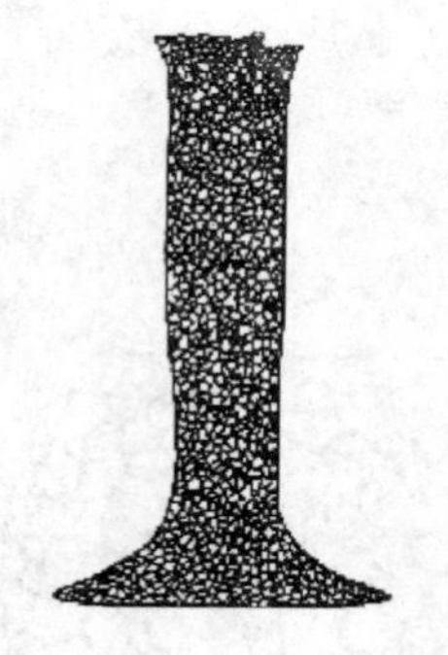

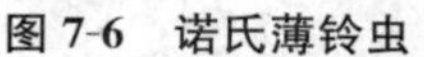

图 7-6　诺氏薄铃虫

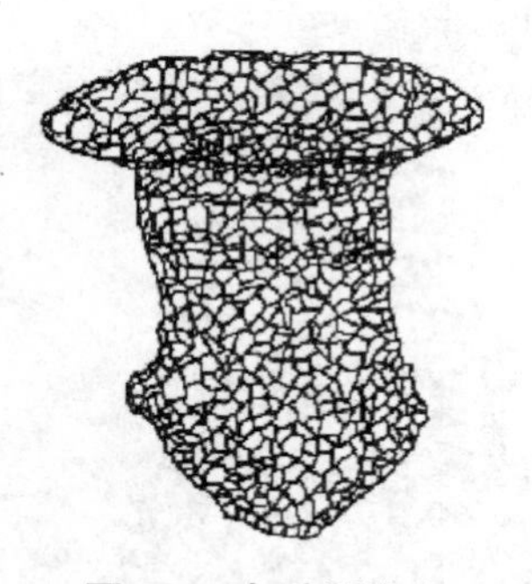

图 7-7　布氏拟铃虫

(2)根状拟铃虫 *T. radix*:壳长圆管形,上端开口边缘不规则,底部逐渐缩小,末端形成尖角状且常略弯向一侧,有一不规则的底端开口。沙粒较少,因此可见壳上的横条花纹。分布区域同布氏拟铃虫(图 7-8)。

(3)妥肯丁拟铃虫 *T. tocantinensis*:壳的近口部为圆筒形,底部膨大为圆球形,末端呈尖角状。壳壁附有很多沙粒。分布同布氏拟铃虫(图 7-9)。

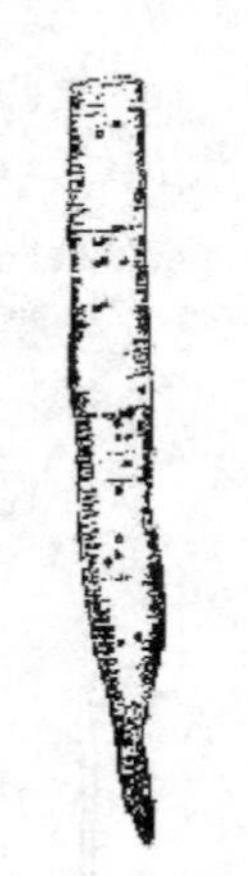

图 7-8　根状拟铃虫

图 7-9　妥肯丁拟铃虫

3. 类铃纤毛虫科

本科动物的壳呈壶状,明显地分为领部和壶部两个部分。领部透明,常有环纹或其他花纹。壶部圆形或卵圆形,常有沙粒附着。

(1)运动类铃虫 *Codonellopsis mobilis*:领部宽大,口缘稍外翻。领部长度变化较大,有 4～10 条螺旋形花纹,这种变化与季节有关。运动类铃虫是黄、渤海常见种类(图 7-10)。

(2)小领细壳虫 *Stenosemella parvicollis*：领小，壶部大。领的基部有 8 个圆穹形的小窗。壶部形成肩。分布于黄海和东海(图 7-11)。

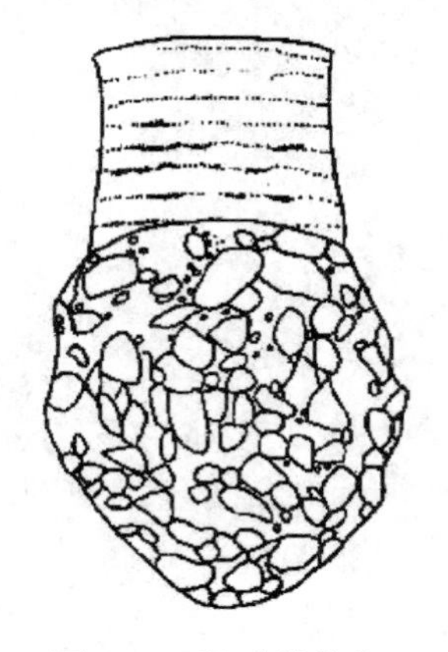

图 7-10　运动类铃虫

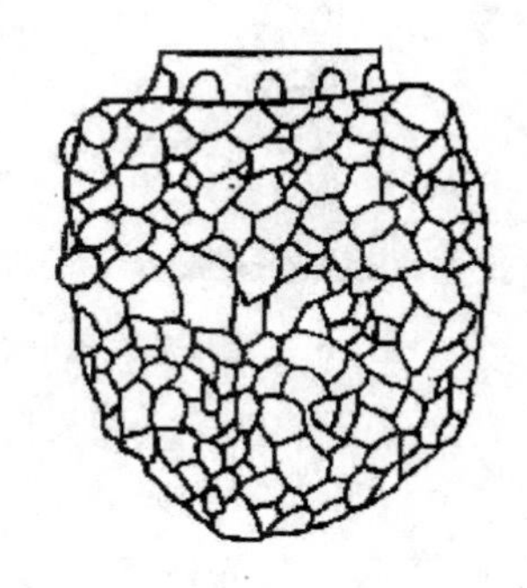

图 7-11　小领细壳虫

4. 杯状纤毛虫科

本科动物壳呈钟形或杯形，壳口大，口缘常有细齿。壳壁两层，薄而透明，无沙粒等附着，有的种类壳的一部分或全部具有网状花纹。其中网纹虫属 *Favella* 的种类较常见。该属动物的壳呈钟形，末端突出，壳具网纹。

(1)巴拿马网纹虫 *F. panamensis*：末端形成翼状突起。是我国近海常见种，夏季较多(图 7-12)。

(2)钟状网纹虫 *F. camrpanula*：末端形成疣状突。本种自黄海至南海常可采到(图 7-13)。

图 7-12　巴拿马网纹虫

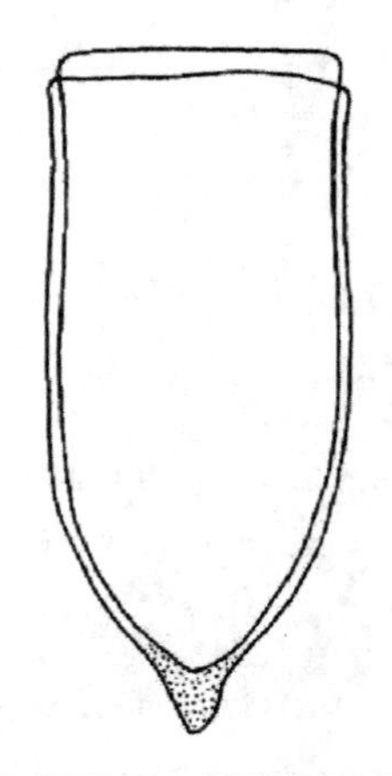

图 7-13　钟状网纹虫

四、实验报告

(1)绘夜光虫整体外形图。

(2)绘观察到的任意两种沙壳纤毛虫整体外形图。

实验八 腔肠动物和栉水母的形态观察及分类

一、实验目的

通过对常见水螅水母、钵水母以及栉水母的形态观察，了解其一般结构，熟悉腔肠动物的水母及栉水母的分类特征和代表动物。

二、材料和器具

(1)实验材料：日本长管水母、杜氏外肋水母、嵴状镰螅水母、八斑芮氏水母、束状高手水母、双手水母、薮枝水母、锡兰和平水母、钩手水母、银币水母、海月水母、海蜇、球形侧腕水母、瓜水母等浸制标本。

(2)实验器具：解剖镜、玻片、培养皿、滴管、解剖针、白瓷盘等。

三、实验内容

取水母浸制标本在解剖镜下观察或用肉眼直接观察。观察海月水母时，可在白瓷盘底部垫上黑纸板，其结构较容易观察到。

(一)水螅水母纲 Hydromedusae

水母体边缘有缘膜，又称为缘膜水母(Craspedote medusae)。水母体一般较小，中胶层内没有细胞，生殖腺由外胚层产生。

1. 花水母目 Anthomedusae

水母体一般呈高钟形，缘膜发达，无平衡囊，多数有眼点，生殖腺位于垂管或胃壁上。

(1)日本长管水母 *Sarsia nipponica*：隶属于棍螅水母科长管水母属。伞钟形，高稍大于宽。垂管纺锤形，长度不超出伞缘，有一简单圆口。辐管 4 条。生殖腺围绕在垂管上。有 4 条发达的缘触手，触手基部有眼点(图 8-1)。我国北方沿海均有分布。

(2)杜氏外肋水母 *Ectopleura dumortieri*：隶属于筒螅水母科外肋水母属。伞近球形，胶质厚。口简单，呈环状。有 4 条辐管。垂管不伸出伞缘口。生殖腺围绕在垂管上。伞缘有 4 条触手，触手基部膨大，无眼点(图 8-2)。我国沿海均有分布。

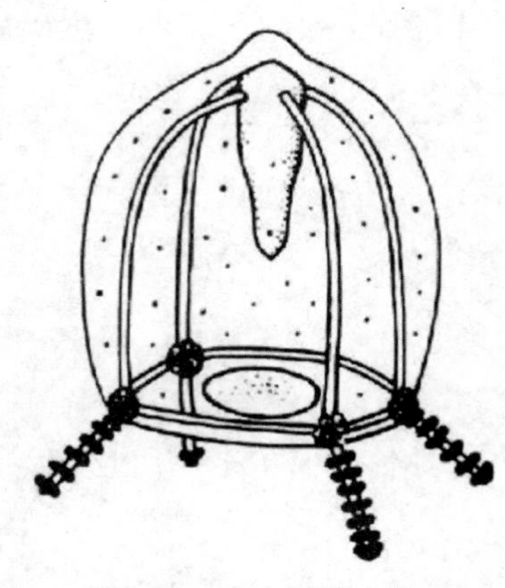

图 8-1　日本长管水母

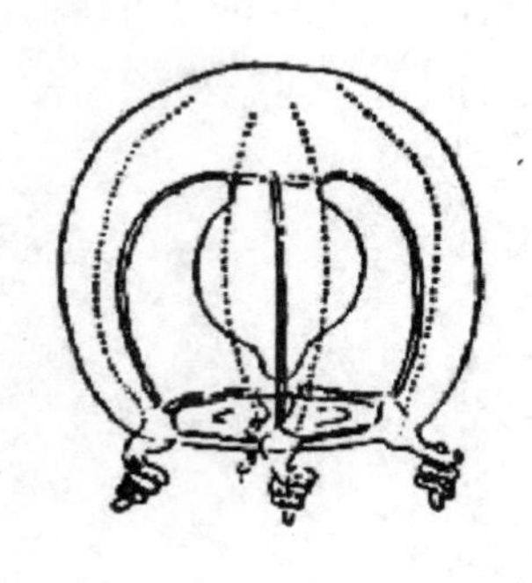

图 8-2　杜氏外肋水母

(3)嵴状镰螅水母 *Zanclea costata*：隶属于镰螅水母科镰螅水母属。有简单的圆口，无口触手。有 4 条简单辐管，间辐生殖腺。有 2～4 条中空、具有刺细胞的边缘触手，无眼点(图 8-3)。我国黄海、东海和南海均有分布。

(4)八斑芮氏水母 *Rathkea octopunctata*：隶属于芮氏水母科芮氏水母属。伞梨形，有实心顶突。4 个口唇延伸为口腕。辐管 4 条。生殖腺围绕在“胃”壁上，能生出水母芽。有 8 束实心缘触手(图 8-4)。分布于我国渤海、黄海和东海，烟台海区常见。

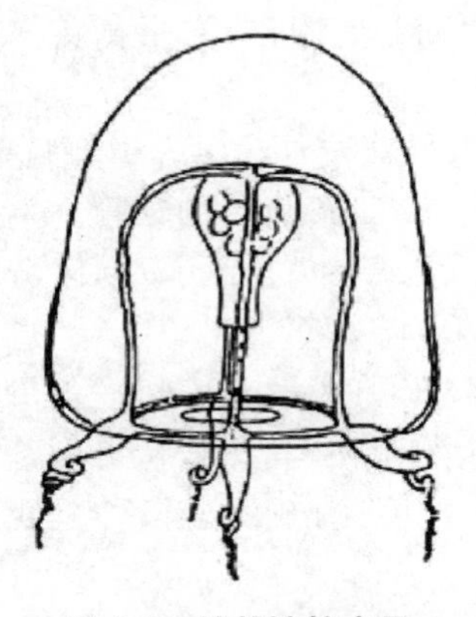

图 8-3　嵴状镰螅水母

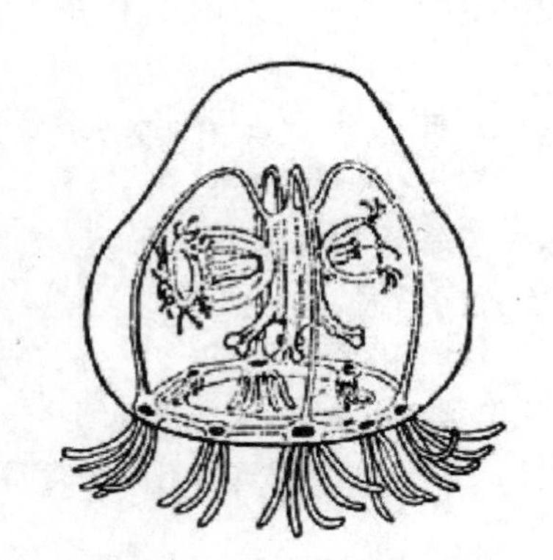

图 8-4　八斑芮氏水母

(5)束状高手水母 *Bougainvillia ramosa*：隶属于高手水母科高手水母属。伞半球形，胶质很厚。有 4 条叉状分枝的口触手。4 条辐管。有 4 个大边缘球，每个缘球上生出 3～5 条触手。有眼点(图 8-5)。

(6)双手水母 *Amphinema dinema*:隶属于面具水母科双手水母属。伞高 6 mm 以上,有大的顶突。4 个口唇。有 4 条辐管,生殖腺从胃壁上生出后延伸到辐管上。伞缘两侧有两条长的触手,伸长时可达伞体 10 倍,触手基部有膨大的触手球。伞缘还有 18 个小而实心的触手,基部无眼点(图 8-6)。是我国沿岸海域常见的种类。

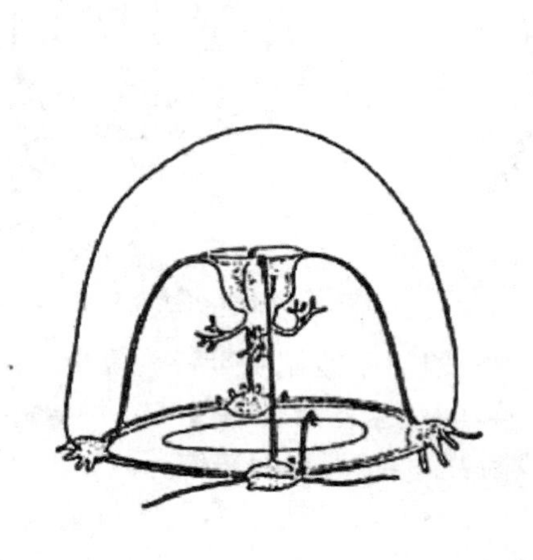

图 8-5　束状高手水母

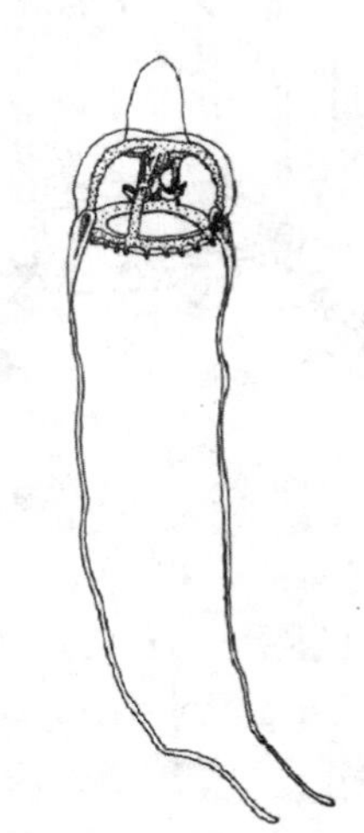

图 8-6　双手水母

2. 软水母目 Leptomedusae

水母体半球形或扁形。生殖腺在辐管上。通常无眼点,有平衡囊。触手数目多。

(1)薮枝水母 *Obelia* spp.:隶属于钟螅水母科薮枝水母属。伞部扁平,中胶层薄,缘膜退化,触手数目较多,有 8 个平衡囊。有 4 条简单的辐管。生殖腺圆囊状,位于辐管中部。没有眼点(图 8-7)。该属水母种的特征不易区分。广泛分布于我国沿海。

(2)锡兰和平水母 *Eirene ceylonensis*:隶属于和平水母科和平水母属。伞呈半球形或稍超过半球形。具狭长的胃柄。生殖腺在辐管上,从胃柄基部延伸到伞缘。伞缘触手数目变化大,通常为 19～118 条(图 8-8)。该种是我国近海习见种类。

3. 淡水母目 Limnomedusae

触手空心,生殖腺位于胃壁或辐管上。

钩手水母 *Gonionemus vertens*:隶属于花笠水母科钩手水母属。伞近半球形,有 4 条辐管。伞缘有 50～80 条触手。生殖腺呈带状皱褶,几乎占据整条辐管(图 8-9)。

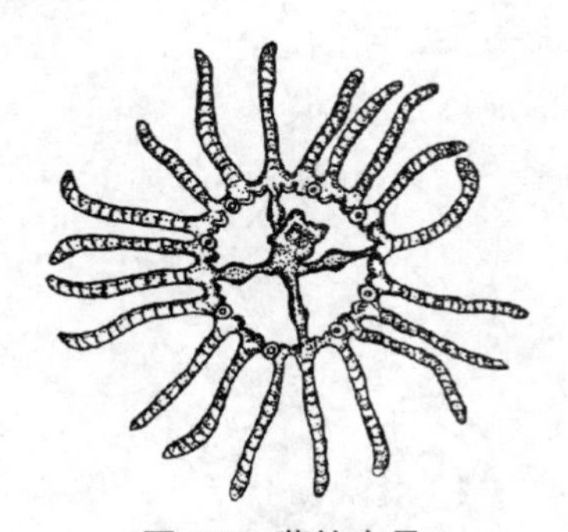

图 8-7　薮枝水母

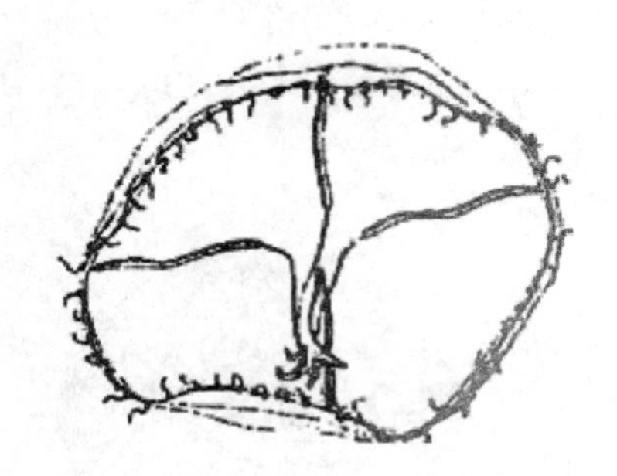

图 8-8　锡兰和平水母

4. 管水母目 Siphonophora

多态型群体,由几种不同类型的水螅体和水母体组成。水螅体包括营养体、指状体和生殖体;水母体包括泳钟体、生殖胞和浮囊体等。

银币水母 *Porpita porpita*:隶属于银币水母科银币水母属。体呈圆盘状,浮囊体透明、扁平,似古时钱币,生活时呈紫色(图 8-10)。我国东海、南海常可采到。

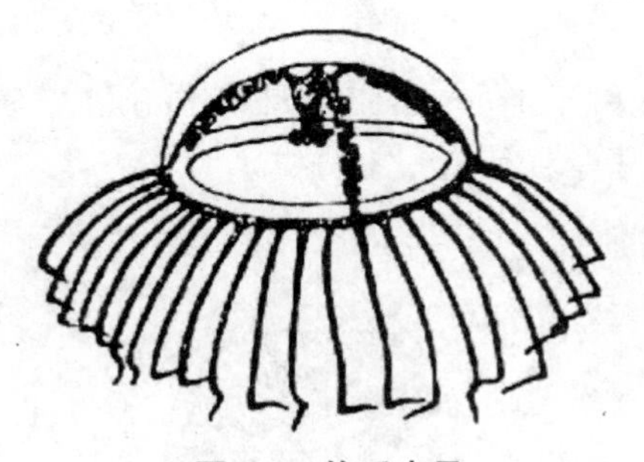

图 8-9　钩手水母

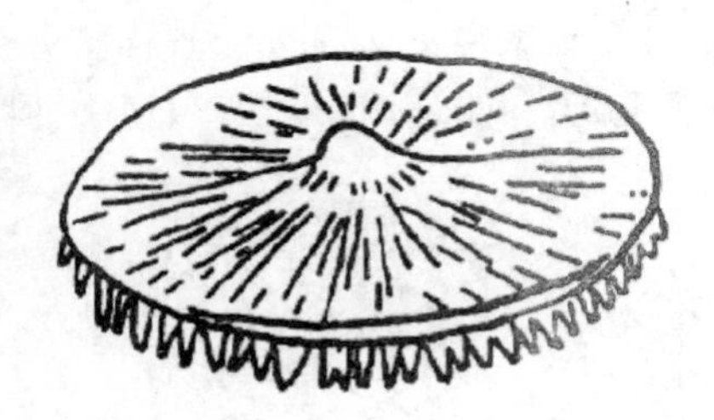

图 8-10　银币水母

(二)钵水母纲 Scyphomedusae

个体一般较大,无缘膜,中胶层厚并含有变形细胞,生殖腺由内胚层产生。

(1)海月水母 *Aurelia aurita*:隶属于旗口水母目 Semaeostomeae 洋须水母科海月水母属。伞扁平,直径为 260～400 mm,伞缘分成 8 个缘瓣,有众多触手。有一个中央口,口的四角伸出 4 条口腕,长度约为伞径的 1/2。有分枝的辐管和不分枝的辐管间隔排列(图 8-11)。该种是广分布的种类,我国沿海均可采到。

(2)海蜇 *Rhopilema esculentum*:隶属于根口水母目 Rhizostomeae 根口水

母科海蜇属。成体伞呈半球形，伞径 250～600 mm，外伞表面光滑。伞缘有 112～160 条舌状缘瓣，无缘触手。口腕仅在基部愈合，每条口腕有 150～180 条丝状物和 30～40 条棒状物（图 8-12）。在我国沿海广泛分布。

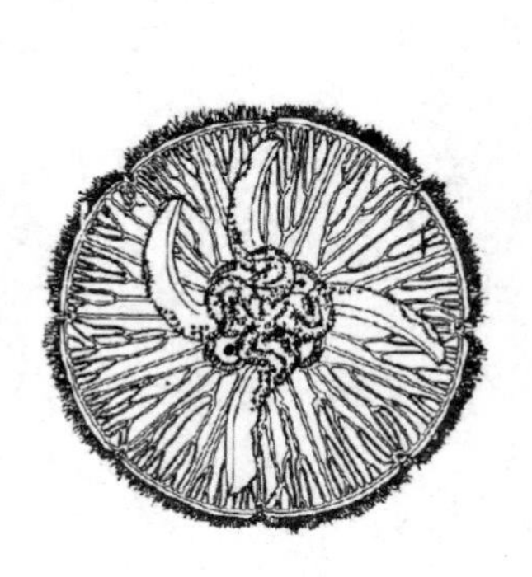

图 8-11　海月水母

图 8-12　海蜇

3. 栉水母动物门 Ctenophora

栉水母身体两辐射对称，没有刺细胞。体表有 8 行纵行的栉板，为运动器。

（1）球形侧腕水母 *Pleurobrachia globosa*：隶属于有触手纲 Tentaculata 球栉水母目 Cydippida。体呈球形，具有两条细长分枝且能缩入触手鞘中的触手（图 8-13）。

（2）瓜水母 *Beroe cucumis*：隶属于无触手纲 Nuda 瓜水母目 Beroida。终生无触手，无口瓣，体呈瓜形，口道大而阔，子午线管有很多分支。

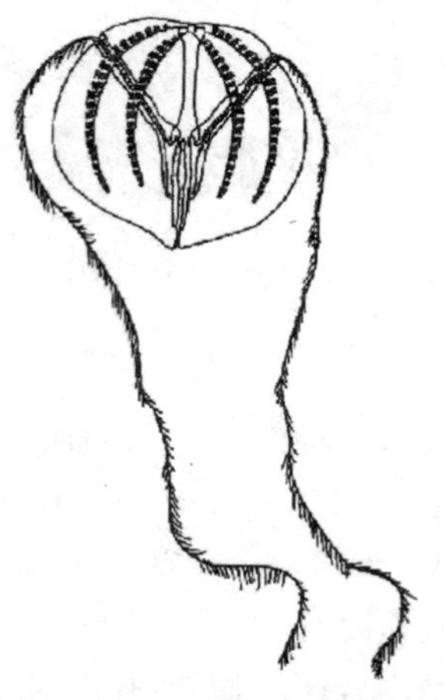

图 8-13　球形侧腕水母

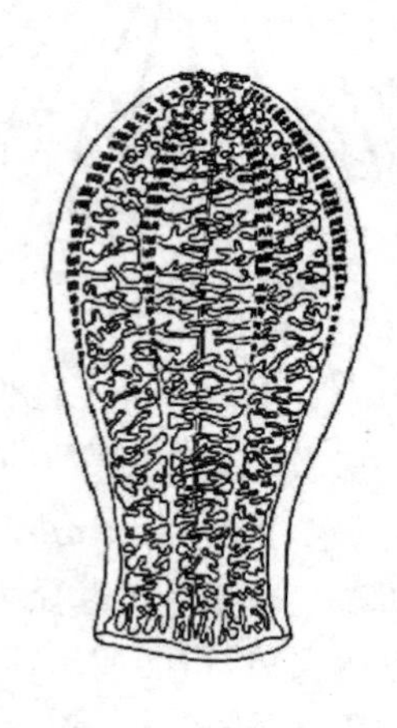

图 8-14　瓜水母

四、实验报告

(1)列表比较水螅水母、钵水母和栉水母的相似及不同之处。

(2)绘观察到的任意两种水母的整体外形图。

实验九　鳃足亚纲动物形态观察与解剖

一、实验目的

(1)通过鳃足亚纲 Branchiopoda 两类代表动物——无甲目 Anostraca、枝角目 Cladocera 动物的形态观察，熟悉并掌握此亚纲的一般特征。

(2)学习小型甲壳类的解剖技术。

(3)掌握鳃足亚纲动物的分类特征并对其进行分类鉴定。

二、材料和器具

(1)实验材料：卤虫、鸟喙尖头溞、多型大眼溞、诺氏三角溞等浸制标本。

(2)实验器具：解剖镜、显微镜、载玻片、盖玻片、培养皿、滴管、解剖针、甘油、龙胆紫等。

三、实验内容

1. 卤虫 *Artemia salina* 的形态观察与解剖

(1)卤虫整体结构观察：用镊子在标本瓶中取出一个卤虫浸制标本置于培养皿中，加上少许自来水没过标本，在解剖镜下两手各执解剖针一枚，随时拨动标本，观察其身体背面、侧面、腹面的结构。

卤虫又叫咸水丰年虫，隶属于无甲目卤虫科。不具头胸甲，身体分头、胸、腹三部分。头部短小，复眼成对，具柄，单眼在额部正前方。第一触角细长，不分节。第二触角雌雄构造不同，雌性很短，基部稍稍扩大，雄性变为执握器官。胸部 11 节，通常具 11 对扁平叶足型附肢，具有呼吸及运动功能。腹部 8 或 9 节，最前两节为生殖节。尾节的端部有两个小叶状分叉，小叶不分节，顶端列生若干刚毛(图 9-1)。

雌体有时在最末对躯干肢的后方腹面有卵囊，为大而长椭球形的囊状体，其内充满粒状卵。

(2)卤虫附肢解剖：用镊子取一个雌性卤虫标本置于载玻片上，加一滴甘油，置于解剖镜下解剖附肢。因为甘油滞性较大，可使标本便于解剖。按从头到尾的顺序解剖，用一个解剖针轻轻压住卤虫身体，另一解剖针由基部取下卤虫一侧的附肢，放到载玻片上。每个附肢取好后加一滴甘油水，在镜下观察是否平整，将重叠部分用解剖针轻轻展开，盖上盖玻片。在盖玻片一侧可加少许龙胆紫染色。染色时要在镜中观察，颜色深浅合适时，可在原来加染液处再加一滴水，由玻片另一侧用吸水纸吸出染液，以免染色过深。在显微镜下观察卤虫叶状附肢形态，注意各个附肢形态的异同。

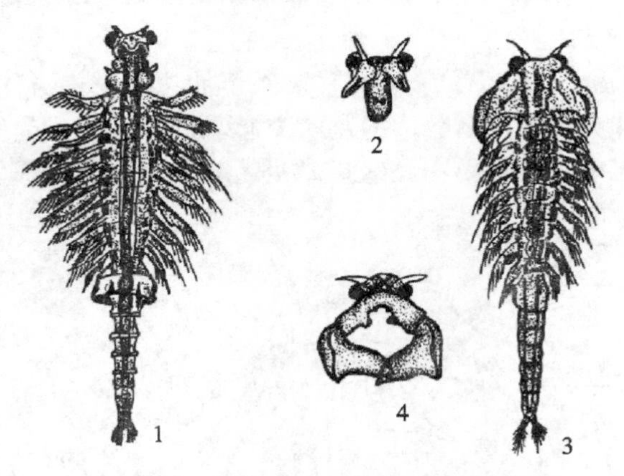

1. 雌体；2. 雌体头部；3. 雄体；4. 雄体头部

图 9-1　卤虫 *Artemia salina*

叶足型附肢呈宽而扁平的叶片状，是动物体壁的突起，内腔与体腔相通，充满血液，借血液压力维持一定的形状，故又被称为胀力附肢。叶足无真正的关节，只具备由薄的角质膜皱褶形成的原始关节。叶足由各种小叶组成，内侧一般突出 6 个小叶，称为内叶，自基部开始为第 1 叶，以此类推，其中末叶最大，第 1 叶次之。各叶边缘都列生有刚毛。外侧有 2～3 片小叶：末端一片为扇叶，在外叶和第 6 内小叶之间，很大，边缘具毛。中间一片为鳃叶，较疏松，多孔状。基部一片为外叶，边缘光裸（图 9-2）。上述各部分的有无、发达程度以及形状等在各对附肢会有所不同。

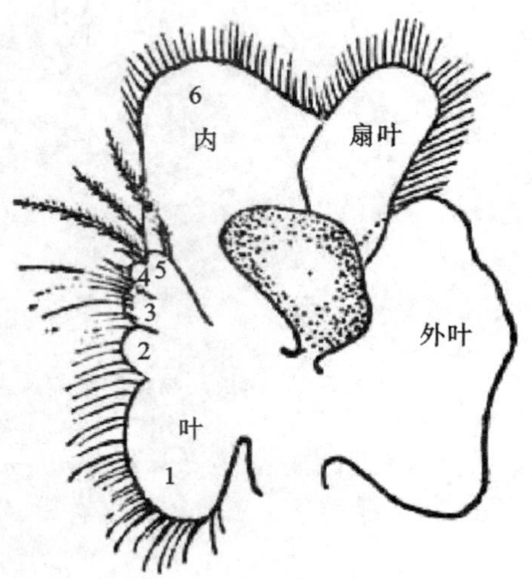

图 9-2　卤虫的叶足型附肢

2. 枝角目动物的形态观察

枝角目动物身体短，分节不明显。身体分头部和躯干部，躯干部为背甲遮盖，头与躯干部间有的种类有一颈沟。背甲介壳形，介壳有时退化，仅在背部形成育卵囊。复眼无柄。第一触角小，不分节。第二触角强大，由柄部和内外两肢组成，为游泳器官。躯干部有 4～6 对胸肢，叶片状，皆在生殖孔前方，但形态变化较大。尾叉在身体末端，形成爪状，是分类的重要依据之一(图 9-3)。

(1)鸟喙尖头溞 *Penilia avirostris*：隶属于仙达溞科。身体卵形，侧扁。头部较小，向下延伸为两个左右分离的刺状突起，从侧面看，成为短而尖的鸟喙状额角。复眼小，无单眼。背甲在腹缘后端处尖，背甲的前、后腹缘均有刺(图 9-4)。

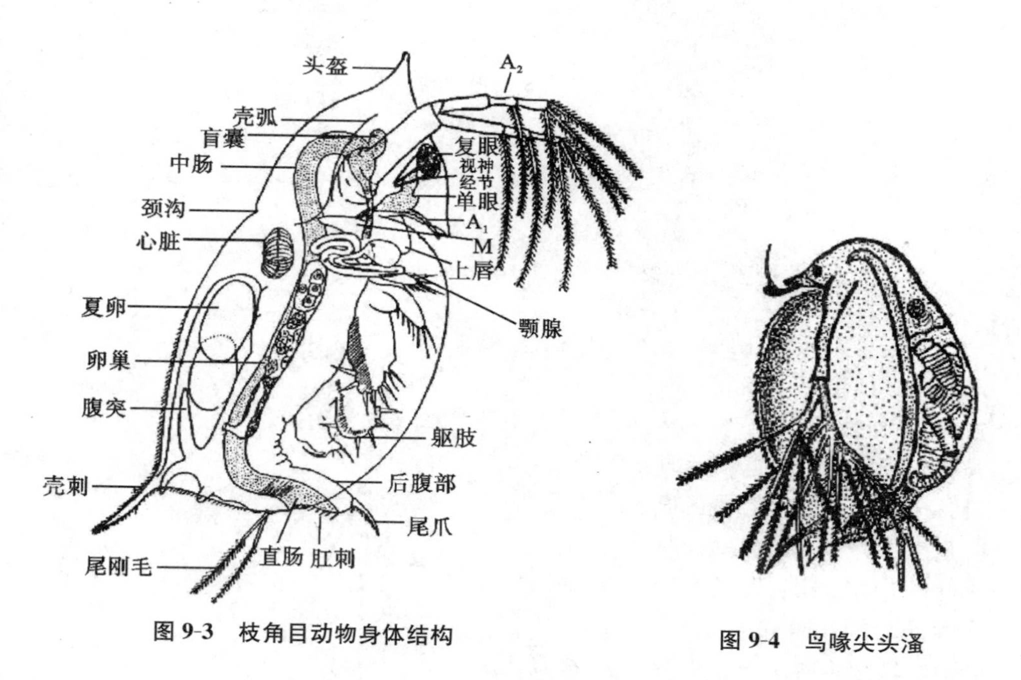

图 9-3　枝角目动物身体结构

图 9-4　鸟喙尖头溞

(2)多型圆囊溞 *Podon polyphemoides*：隶属于圆囊溞科。身体呈球形。背甲小，仅包围育室。头部较大，有发达的复眼。具有颈沟。育室膨大呈半球形(图 9-5)。

(3)诺氏三角溞 *Evadne nordmanni*：隶属于圆囊溞科。身体略呈三角形，无颈沟。育室锥形。后腹部末端呈圆锥状突起(图 9-6)。

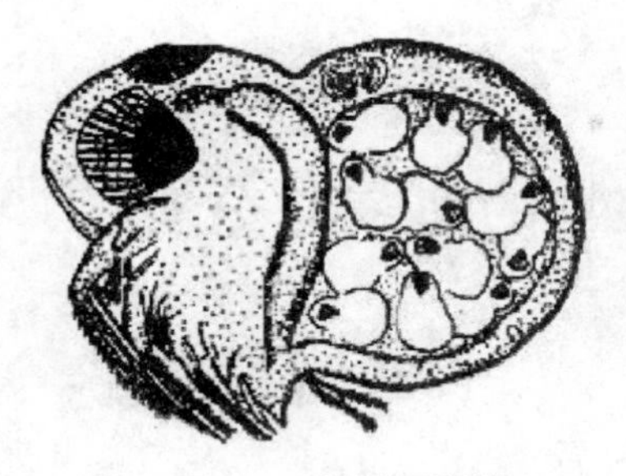

图 9-5 多型圆囊溞

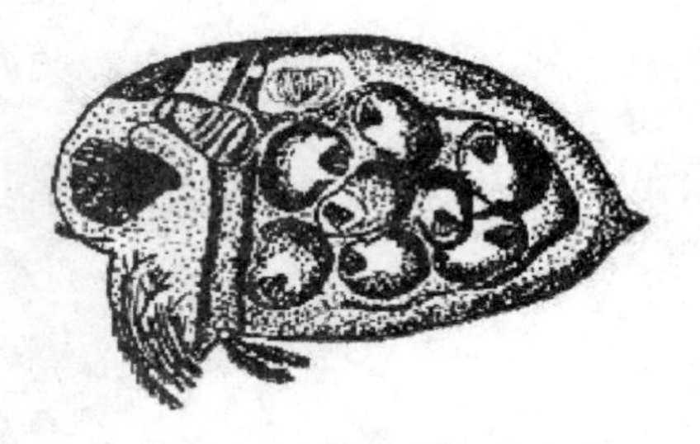

图 9-6 诺氏三角溞

四、实验报告

(1)绘卤虫躯干肢图,标注各部位名称。

(2)绘鸟喙尖头溞外形图。

实验十　桡足亚纲动物的解剖与分类

一、实验目的

(1)通过桡足亚纲 Copepoda 代表动物——中华哲水蚤 *Calanus sinicus* 的形态观察与解剖,熟悉并掌握该亚纲动物的一般特征。

(2)学习桡足类的解剖方法,巩固小型甲壳类的解剖技术。

(3)鉴认桡足亚纲的主要类群及代表动物。

二、材料和器具

(1)实验材料:中华哲水蚤、墨氏胸刺水蚤、双刺唇角水蚤、太平洋纺锤水蚤、拟长腹剑水蚤、近缘大眼剑水蚤、小毛猛水蚤等浸制标本。

(2)实验器具:解剖镜、显微镜、玻片、培养皿、滴管、解剖针、甘油、龙胆紫等。

三、实验内容

(一)中华哲水蚤的形态观察与解剖

中华哲水蚤是哲水蚤目 Calanoida 哲水蚤科的代表动物。

1. 外形观察

取中华哲水蚤雌、雄标本各 1 个置于培养皿中,加水没过标本。可用龙胆紫将标本染色,注意掌握染色的程度,使标本的节间膜着色即可。在解剖镜下观察标本,双手各执解剖针一枚,随时拨动标本,由背面、侧面、腹面等面去观察。

中华哲水蚤雌体长为 2.7～3.0 mm,雄体长为 2.6～2.9 mm。头胸部较粗,呈长圆筒形,亦称为前体部。前额略呈三角形。胸部后侧角短而钝圆。有 5 个自由胸节。腹部较细,为后体部。雌性 4 节,雄性 5 节,其中第 1 节均为生殖节,腹面有生殖孔。观察生殖节与其他节的不同。前体部和后体部交界处为身体上唯一可动的关节——活动关节。注意前体部与后体部的长度和宽度,前体部较后体部宽多少?哪一个较长,长多少?腹部末端有两个尾叉,注意尾叉的长短与宽窄及其上刚毛的分布(图 10-1,图 10-2)。

第一触角超过体长,雄性第一触角的基部发达。

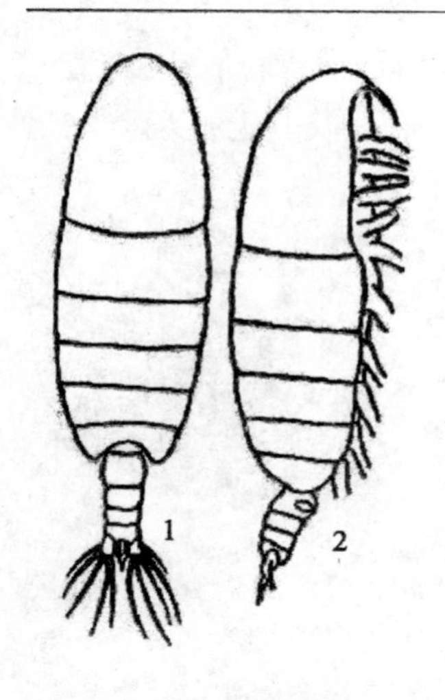

1. 背面观；2. 侧面观

图 10-1　中华哲水蚤雌体

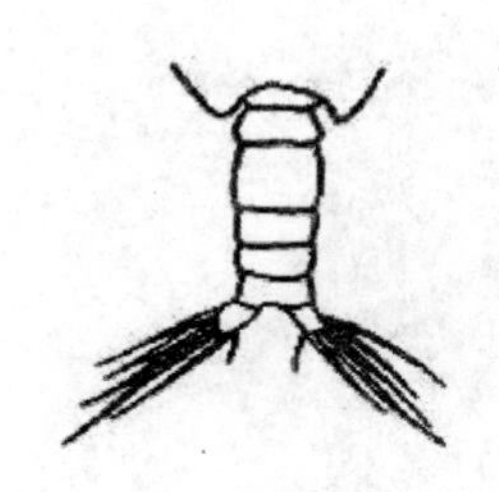

图 10-2　中华哲水蚤雄体腹部背面观

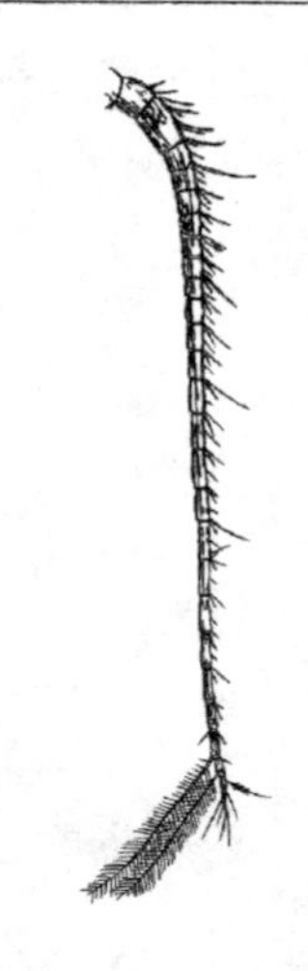

图 10-3　第一触角

2. 附肢解剖

将标本置于载玻片上，滴一滴甘油，按从头到尾的顺序在解剖镜下用解剖针从基部轻轻划下以下附肢：雌性第一触角、雄性第一触角、第二触角、大颚、第一小颚、第二小颚、颚足、第一至第四胸足中的任意一对、雌性第五胸足和雄性第五胸足各一对。每分离一个肢体后，即置于载玻片上，加一滴甘油，在解剖镜下检查和整形，放好位置，加盖玻片，并标注名称以免混淆。在显微镜下观察各附肢的形态。

第一触角单肢型，位于头部前端两侧，细长分节，左右对称。雌性 25 节；雄性 24 节，基部的一节因是第一和第二节愈合成的，因此较为膨大。注意第一触角上的刚毛和感觉棒。末端二、三节有 2 根较长的刚毛（图 10-3）。

第二触角双肢型。内肢较外肢稍长。原肢 2 节，外肢 7 节，内肢由 2 节组成（图 10-4A）。

大颚基节内侧缘有齿，组成咀嚼部，底节上生有内外肢，内肢 2 节（图 10-4B）。

第一小颚很小，双肢型。基节与底节成叶状而扩大，具若干小叶和突起，外缘多刺毛，有内外肢，皆呈叶片状（图 10-4C）。

第二小颚较小，单肢。由发达的原肢（基节与底节）和简单的内肢构成，具许多羽状刚毛（图 10-4D）。

颚足是胸部的第一对附肢，单肢。基节与底节很发达，外肢退化，内肢 5 节，内肢内缘多刚毛，外缘刚毛 2 根（图 10-4E）。

第一至第五对胸足附着在其余 5 个胸节上，每足均有基节和底节，底节上均生有内肢和外肢，外肢较内肢发达。注意内外肢的节数及其上的羽状刚毛（图 10-4F）。

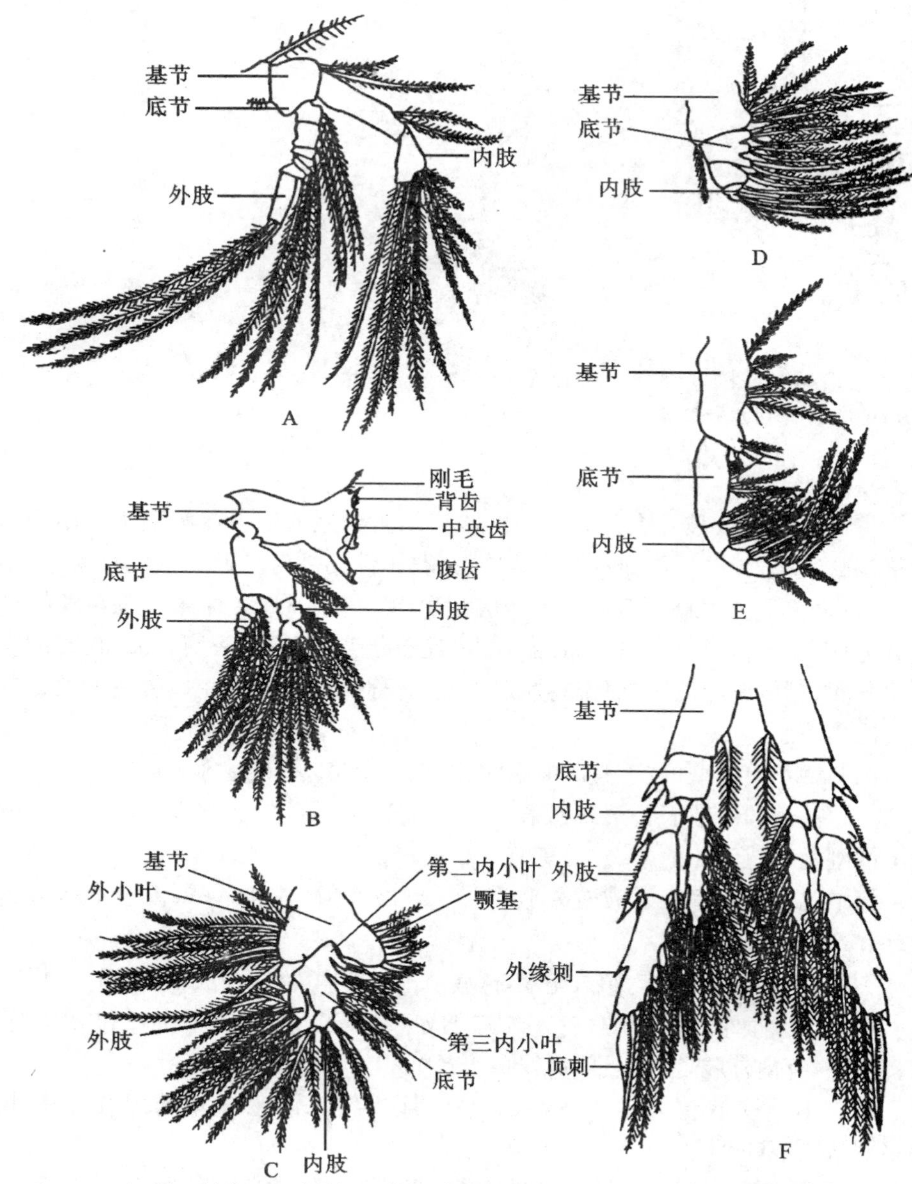

A. 第二触角；B. 大颚；C. 第一小颚；D. 第二小颚；E. 颚足；F. 胸足

图 10-4　桡足类的附肢（从郑重等）

中华哲水蚤的第五对胸足与其他胸足略有不同，主要是基节内缘有锯齿状构造，而其他胸足无齿状缘，但有一根羽状刚毛。雌雄也有差别：雌性左右对称；雄性左边外肢较右边长，左足外肢第一节的长度几乎等于内肢的长度（图10-5）。

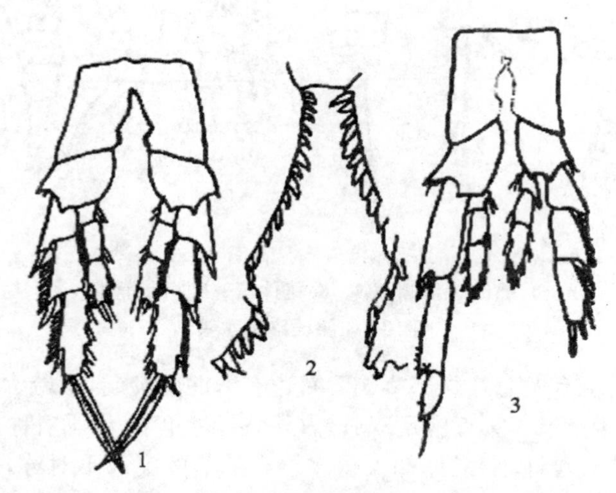

1. 雌性第五胸足；2. 第五胸足基节内侧的锯齿；3. 雄性第五胸足

图 10-5　中华哲水蚤的第五胸足背面观

（二）桡足亚纲其他代表动物的外形观察与分类

1. 哲水蚤目

哲水蚤目动物的主要特征是前体部比后体部显著宽大。活动关节位于最后的胸节和腹节之间。雄性第五胸足常呈钳状。第一触角细长，17 节以上。

（1）墨氏胸刺水蚤 *Centropages mcmurrichi*：隶属于胸刺水蚤科胸刺水蚤属。

雌性：头部前端呈圆形，末胸节后侧角为不对称的尖突，右角大，尖端伸向外方；左角小，尖端向后。生殖节具有不对称的刺。尾叉不对称，左边的长于右边。第五胸足对称，外肢第二节有向内突出的刺，刺的长度稍微长于此节。第一触角不超过体长。

雄性：末胸节后侧角较雌性小得多，对称，两角同时伸向后方。尾叉较雌性长，长约为宽的 3 倍。第五胸足不对称，左外肢分 2 节；右外肢分 3 节，最末两节形成钳状（图 10-6）。

（2）双刺唇角水蚤 *Labidocera bipinnata*：隶属于角水蚤科唇角水蚤属。

雌性：头部有侧钩，头部背面前端有一对晶体。末胸节后侧角尖而长，向后伸 。腹部三节 。尾叉不对称，形状不规则，左肢大于右肢 。生殖节不对称，右边

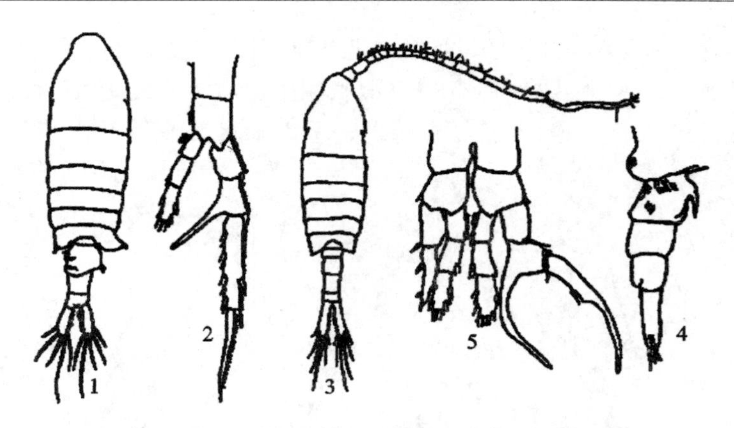

1. 雌体背面观；2. 雌体第五胸足背面观；3. 雄体背面观；
4. 雌体腹部侧面观；5. 雄体第五胸足背面观

图 10-6 墨氏胸刺水蚤

有大的突起，内侧有两刺。腹部第二节右边有弯曲的突起，末端尖。肛节很短。第一触角长达生殖节。第五胸足双肢，内外肢均为单节，稍不对称。

雄性：身体较雌性小，晶体却大得多。末胸节的突起不对称，左边的小，末端尖；右边大，有两尖刺。生殖节腹面突起，右侧边膨大处有刺。第五胸足雄性的为单肢，右足末两节呈螯状(图 10-7)。

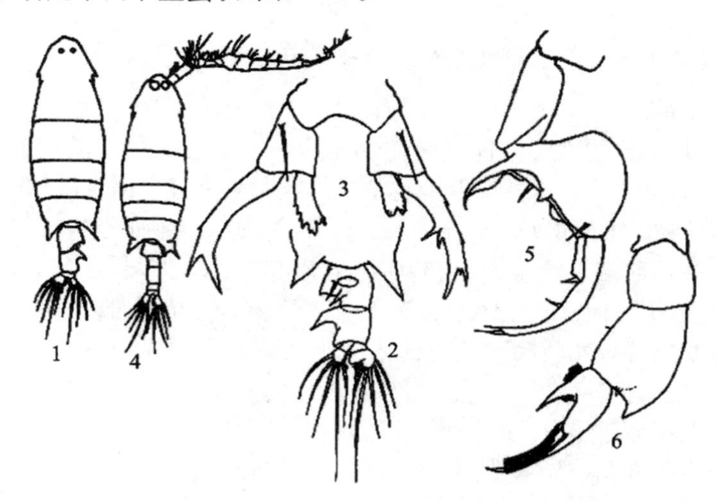

雌性：1. 背面观；2. 腹部腹面观；3. 第五胸足背面观
雄性：4. 背面观；5 右第五胸足背面观；6. 左第五胸足腹面观

图 10-7 双刺唇角水蚤

(3)太平洋纺锤水蚤 *Acartia pacifica*:隶属于纺锤水蚤科纺锤水蚤属。体较瘦小,头胸部瘦长,呈纺锤形,头部前端背面中央具一单眼。胸部后侧角具刺突,其长达生殖节中部;雄性后侧角刺突较短。雌性腹部 3 节,尾叉及尾刚毛均较长。雄性腹部 5 节,第 2 节宽大,第 4 节短小,尾叉及尾刚毛较雌性为短。

第一触角:雌性 17 节,向后伸展时,达生殖节。雄性第一触角也为 17 节,第 12、13 节之间有活动关节。

第 1～4 对胸足:雌、雄都是双肢,左右对称,内肢 2 节,外肢 3 节,第三节末刺长且具锯齿。

第 5 对胸足:雌性左右对称,单肢。第二节近方形,外末刚毛很长,末节呈长方形,具长刺。雄性第五胸足左足第二节近基部具小突,末节内缘中部具一长刚毛,末端具一短刺;右足第四节内缘突起呈方形,末节长,稍向内弯,内缘中部近背面具一小刺,末刺粗短(图 10-8)。

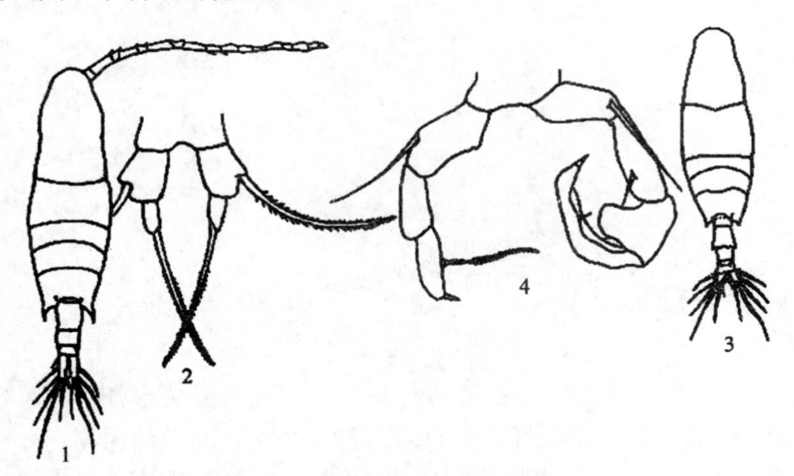

雌性: 1. 背面观; 2. 第五胸足背面观　雄性: 3. 背面观; 4. 第五胸足背面观

图 10-8　太平洋纺锤水蚤

2. 剑水蚤目 Cyclopoida

该目与哲水蚤目的主要区别在于其活动关节位于胸部最后两节之间。其前体部比后体部宽。第一触角 6～17 节。

(1)拟长腹剑水蚤 *Oithona similis*:身体狭长,前体部中央稍膨大。尾叉对称。

雌性:第一触角细长,但不超过体长。第 1～4 对胸足外肢各节外缘具小刺,内缘具刺毛。第 5 对胸足极退化,呈小结节状,其上具 2 根长刚毛。卵囊 1

对,系于腹部两侧。

雄性:身体较雌性细小。腹部明显由5节组成,生殖节膨大,容纳着2个精囊。尾叉短,刚毛较雌性短。第一触角粗短,很少有长于前体部者,第11～12节间可屈曲,左右均变为把握器,中间稍变粗。最后一对胸足的刚毛比雌性短得多(图10-9)。

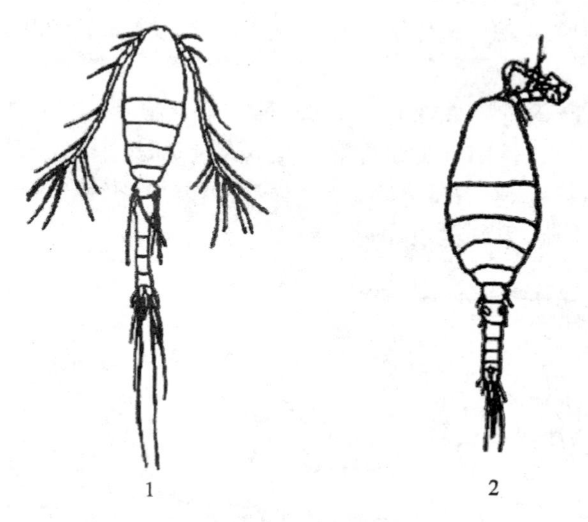

1. 雌性背面观;2. 雄性背面观

图10-9　拟长腹剑水蚤

(2)近缘大眼剑水蚤 *Corycaeus affinis*:隶属于大眼剑水蚤科大眼剑水蚤属。前体部长筒形。头部很长,超过前体部的一半,背面前端两侧各有一个发达的晶体。雌性头部与第一胸节分开,雄性愈合。第三、四胸节分界明显。第三胸节向后延伸为翼状突,可达生殖节基部1/3处。第4胸节后侧角小。后体部分2节,尾叉细长(图10-10)。

3. 猛水蚤目 Harpacticoida

整个身体自前到后逐渐变狭,活动关节位于胸部最后两节之间。前、后体部的宽度相差不很明显,两者分界不明显。

小毛猛水蚤 *Microsetella norvegica*:身体狭长,呈梭形,较侧扁。前后体部的宽度无显著差别。头前端的额角弯向腹面,呈喙状。身体各节皆具毛。尾叉短,长度与宽度约相等,最长的尾刚毛与体长约相等。雌性第一触角向后伸展时,约达头部一半;雄性第一触角变为执握肢(图10-11)。

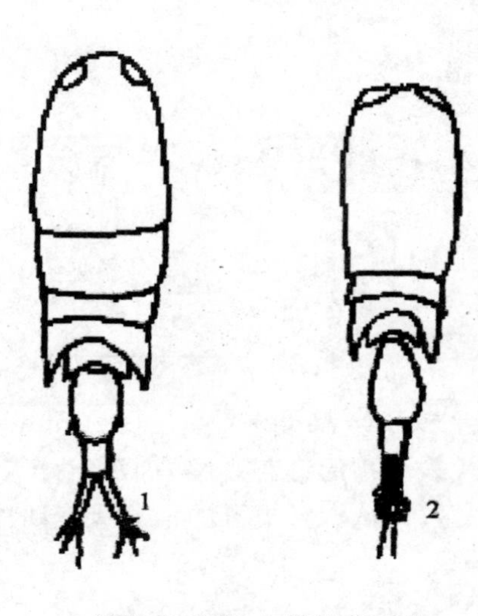

1. 雌性背面观；2. 雄性背面观
图 10-10　近缘大眼剑水蚤

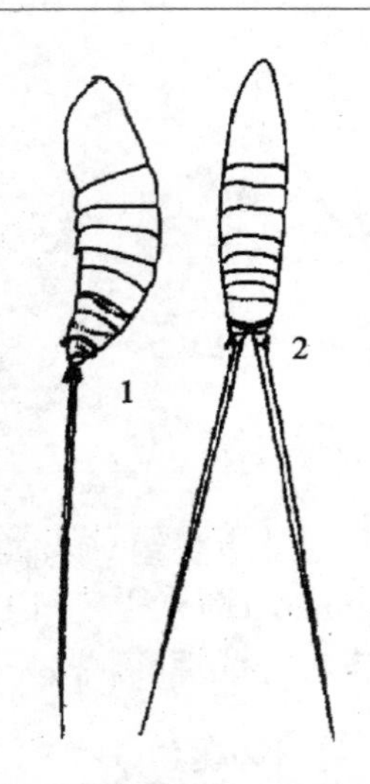

1. 雌性侧面观；2. 雄性背面观
图 10-11　小毛猛水蚤

四、实验报告

(1)绘中华哲水蚤整体背面观图。
(2)绘中华哲水蚤第五胸足整体图(雄性和雌性)。

实验十一　软甲亚纲动物的形态观察与分类

一、实验目的

通过对软甲亚纲 Malacostraca 中糠虾目 Mysidacea、端足目 Amphipoda、磷虾目 Euphausiacea、十足目 Decapoda 代表动物的形态观察，加深对浮游软甲类主要形态特征的理解，并将各类群加以区分，认识各类群的常见代表动物。

二、材料和器具

(1)实验材料：黑褐新糠虾、细足法䗛、太平洋磷虾、中国毛虾、日本毛虾、正型莹虾等混合浸制标本。

(2)实验器具：显微镜、解剖镜、广口瓶、培养皿、滴管、镊子、解剖针等。

三、实验内容

教师实验前在各培养皿中放入一套软甲亚纲代表动物混合浸制标本，学生实验时将标本置于解剖镜或低倍显微镜下观察其结构特征，根据课堂所学知识和以下介绍认识并鉴别这些代表动物。

1. 糠虾目糠虾科

糠虾目隶属于软甲亚纲囊虾总目。该目的主要特征是头胸甲后端凹陷，不能覆盖整个头胸部，最末 1～2 个胸节裸露在外。胸足具发达的外肢。腹足雌性的较退化，雄性的较发达，且雄性第三或第四对腹足的外肢特别长，一般呈针状，是辅助交接的器官。我国近海浮游生物中出现的主要是糠虾科的种类。糠虾科动物雌性具 2～3 对孵卵片，个别种类可达 7 对。尾肢的内肢基部具平衡囊。

黑褐新糠虾 *Neomysis awatschensis*：身体较粗短，最大可达 14 mm。甲壳表面光滑，棕黑色素斑纹很浓。头胸甲薄而软，额角呈三角形。尾节末端宽(图 11-1)。

2. 端足目䗛亚目泉䗛科

细足法䗛 *Themisto gracilipes*：身体侧扁，分头、胸、腹三部分。头呈球形。复眼 1 对，无柄，位于头部两侧，很大，几乎占据整个头部。胸部 7 节，无背甲覆盖。腹部发达，由 6 节组成，分前腹部和后腹部。前 3 节称前腹部，各具 1 对游泳足，腹节基部各有侧甲。后 3 节称后腹部，各节具 1 对尾足，第 5、6 腹节愈合。尾节小，呈三角形(图 11-2)。

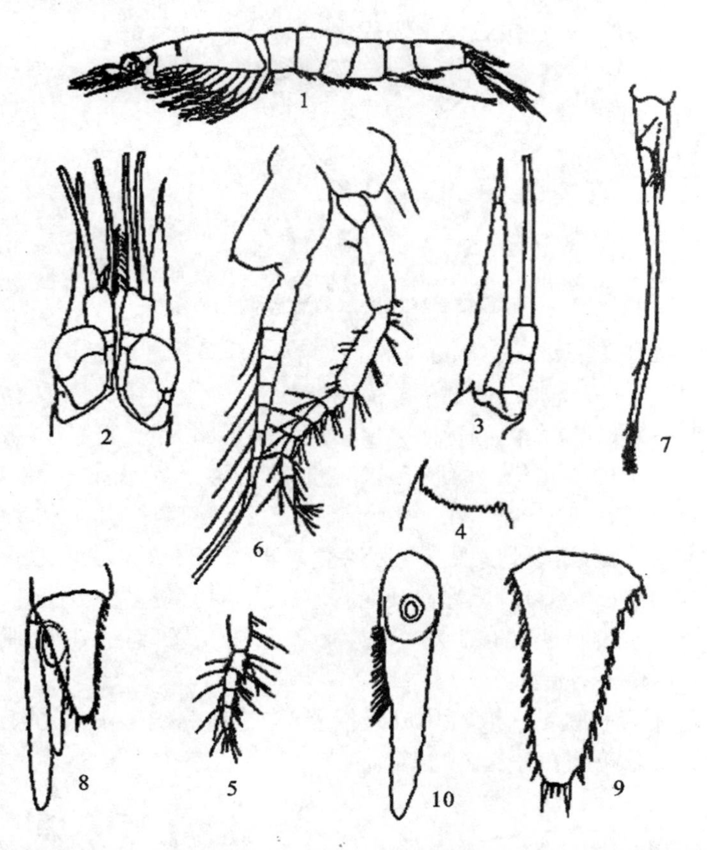

1. 雄性侧面观；2. 雄性头部背面观；3. 第二触角鳞片与柄；4. 第二触角柄部刺；5. 第六胸足内肢末端；7. 雄性第四腹足；8. 尾节与尾肢；9. 尾节；10. 尾内肢

图 11-1　黑褐新糠虾

3. 磷虾目磷虾科

磷虾的一般特征是身体分头胸部和腹部，共 21 节(头 6 节，胸 8 节，腹 7 节)，19 对附肢。成体头胸部完全愈合，头胸甲大，盖过全胸。复眼很大，眼柄短，位于背甲前端两侧。胸足 8 对，相似，无分化，均为双肢型。胸肢基部有指状足鳃附着，露出胸甲之外。身体的一定部位具有发光器，近球形，中央具发光细胞。

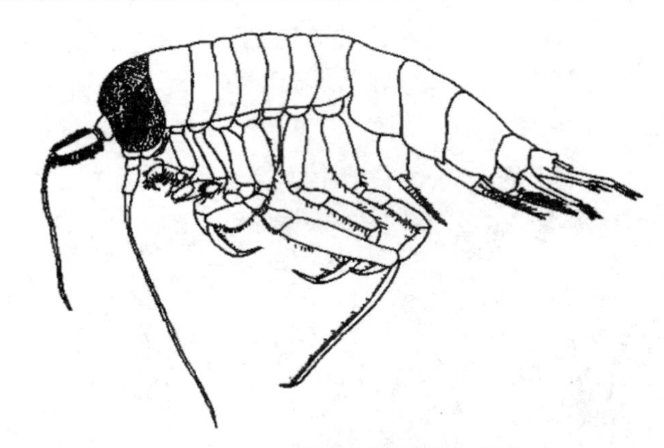

图 11-2　细足法䗉雄性整体侧面观

太平洋磷虾 *Euphausia pacifica*：额角极短，呈扁三角形。第一触角基部粗大，分 3 节，第一节较长，稍大于前面两节的和，沿上面中央凹成槽状，前段中线有长刺毛一列，其末段内侧背面突出形成三角形的突起，突起顶端成刺。

前 6 对胸足形状相似。内肢 5 节；外肢扁平不分节，其长大致与内肢座节相等。基部均生有鳃（上肢），第一胸足上的甚小，一整片，其余胸足均发达，具有多数的指状分支，露出胸甲之外，易观察。第七及第八胸足退化不分节，仅为一具有刺毛的细小的突起，但鳃较其他胸肢发达，具有更多的分支。

发光器 10 个：眼柄上有 1 对，第二及第七胸足基部各有 1 对，腹部第一至第四节的腹甲中央各有 1 个。

雄性个体第一腹足内肢特化成交接器，构造较为复杂，在分类定种上极具价值。但平常总蜷缩在一起，观察较难（图 11-3）。

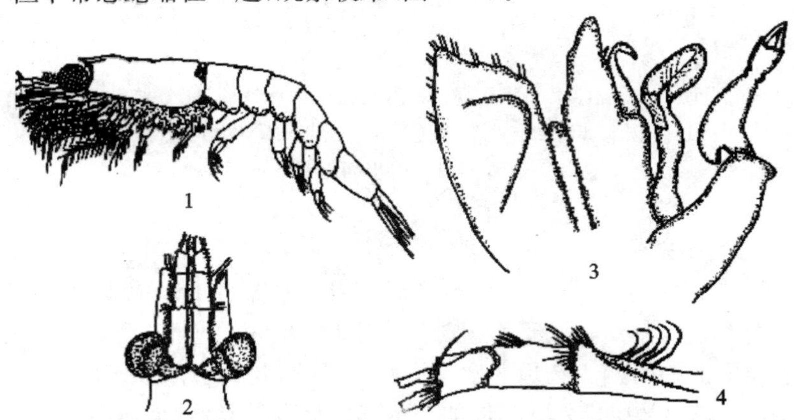

1. 雌性个体侧面观；2. 头部背面观；3. 雄性交接器；4. 第一触角柄部

图 11-3　太平洋磷虾

4. 十足目樱虾科

(1)中国毛虾 *Acetes chinensis*：体侧扁，甲壳薄。身体 20 节，分头胸部和腹部。头胸部(头 5 节，胸 8 节)完全愈合，被几丁质背甲。额角短而尖，侧面略呈三角形。眼大而圆，眼柄细长。腹部 7 节，分节明显，第六腹节甚长，略短于头胸甲。第七腹节细长，又称尾节。胸足分化为 3 对颚足和 5 对步足，但第四、五步足退化消失。尾足内肢基部具有一列红点(图 11-4)。

(2)日本毛虾 *A. japonicus*：与中国毛虾形态相似，个体略小，但其尾足的内肢基部一般只有一个较大的红点(图 11-5)。

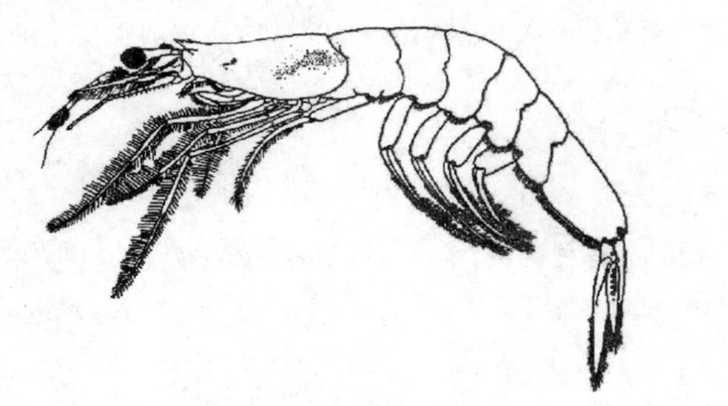

图 11-4　中国毛虾　　　　**图 11-5　日本毛虾尾节和尾肢**

(3)正型莹虾 *Lucifer typus*：身体细长，头部向前延伸，呈圆筒状。无鳃。大颚无触须(图 11-6)。

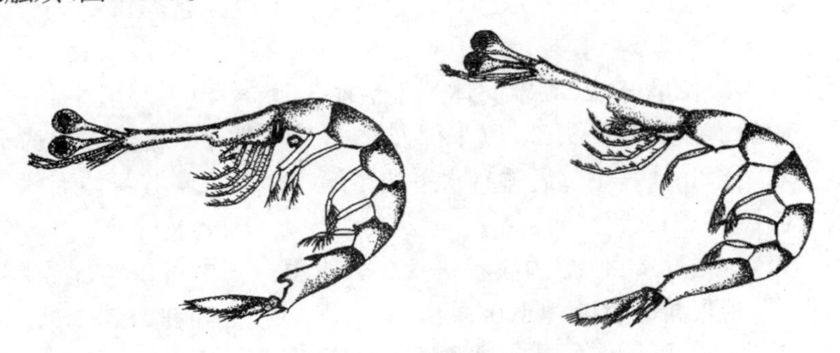

1. 雄性侧面观；2. 雌性侧面观

图 11-6　正型莹虾

四、实验报告

1. 绘中国毛虾整体侧面观图。
2. 列表比较软甲亚纲各代表动物的结构特点。

实验十二　毛颚动物、浮游被囊动物及浮游幼虫的形态观察与分类

一、实验目的

(1)通过对强壮箭虫、异体住囊虫、小齿海樽等的形态观察，熟悉并掌握毛颚动物 Chaetognatha、浮游被囊 Tunicata 动物的一般特征；认识两类群中的常见代表动物。

(2)认识常见的浮游幼虫。

二、材料和器具

(1)实验材料：强壮箭虫、异体住囊虫、小齿海樽及各种浮游幼虫浸制标本。

(2)实验器具：显微镜、解剖镜、培养皿、滴管、镊子、解剖针、镁蓝、碘液、甘油等。

三、实验内容

(一)毛颚动物门

强壮箭虫 *Sagitta crassa*：取强壮箭虫浸制标本放在培养皿中，于解剖镜下观察。

箭虫身体细长呈杆状，雌雄同体。生活时透明，固定后一般呈乳白色。身体被体腔内的横膈膜分成头部、躯干部及尾部。前端有一稍微膨大的头部，体侧有鳍 2 对，分列前后，尾部后端有水平的尾鳍 1 个。观察其身体形状，注意各部分的比例(图 12-1)。

头部覆盖一层可以伸缩的膜状皮褶——头巾。头巾可以向前伸展将整个头部包起，只剩腹面口附近一小块面积，具有保护颚毛和在游泳中减少阻力的作用。颚毛张开时则缩向后方。观察所用标本，观察颚毛是否张开，形状如何？

头部左右两侧长有 4～12 根强大的几丁质呈镰刀状的颚毛，是箭虫的捕食器官。颚毛的数目、形状为鉴别种的依据。试计数所观察标本颚毛的数目及形状，如颚毛已被头巾包起，可用解剖针拨开或细心割下观察。

眼一对，位于头部背面。

箭虫有椎形齿 4 列，两列位于头前端两侧，齿数少，称前齿列；另两列位于

前列的后方，齿数较多，称后齿列。各齿列末端皆着生于头的背侧面，向前渐弯至腹面口的前方。齿的数目不定，但各种则有一定范围(图 12-2)。

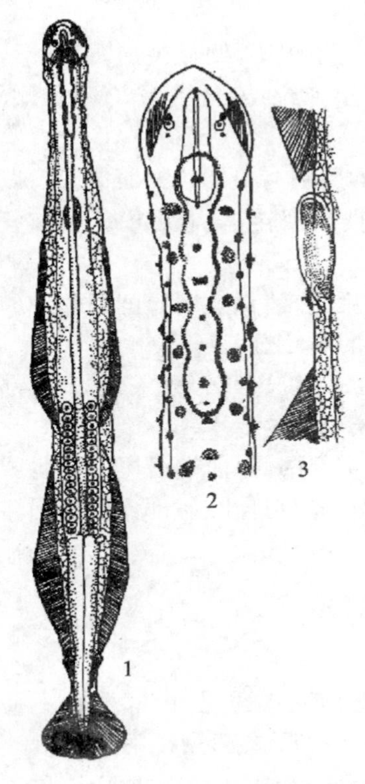

1. 整体背面观；2. 体前部；3. 贮精囊背面观

图 12-1 强壮箭虫

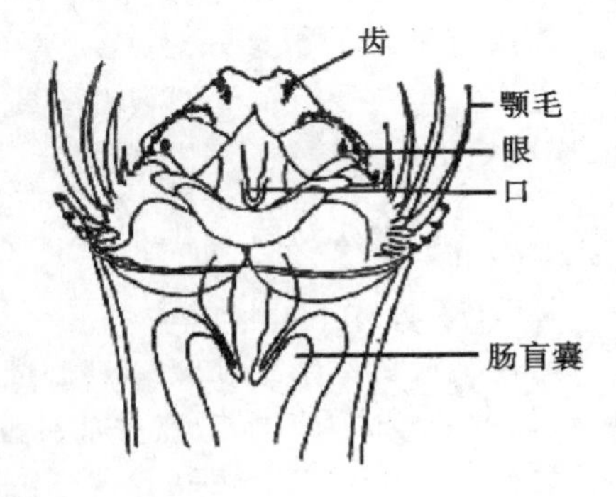

图 12-2 强壮箭虫头部放大

脑位于眼睛前方中央部位，因头部肌肉很厚，不宜看清，是一个较大的神经节。

纤毛环位于头部背面脑的后方或向后方延伸至躯干部的前部，是由纤毛细胞形成的环状构造。触毛斑是体表成堆的支持细胞及位于其中的纤毛细胞形成的略呈圆形或椭圆形的斑状点，分布于身体及各鳍的表面，排列规则，常两边对称。将所观察标本用镁蓝染色，观察纤毛环及触毛斑的形状和部位。

从头颈部横膈膜至肛门为躯干部。从头颈部开始至躯干部，其表皮组织通常有一层扁平的细胞组成，在一定的部位增厚为许多层，形成泡状组织，亦称为领。泡状组织的有无、发达程度随种而异，强壮箭虫的特别发达，可延伸到尾部，几乎包围整个身体。

左右两侧有两对侧鳍，鳍内分布有鳍条。鳍条分布情况不同，有的种类如肥胖箭虫的鳍条没有达到鳍的基部，形成无鳍条带。前面的侧鳍称前侧鳍，后一对侧鳍横跨于躯干部及尾部之间，称后侧鳍。侧鳍无游泳功能，仅有平衡身体的作用。

腹神经节位于腹面前侧鳍之前，包埋于表皮组织中，明显突出，长方形，很大，前端有一对通脑的主联系神经，两侧有许多小神经分支通躯干背部及侧部，后端有一对大神经沿身体两侧下行分布于身体后部。

消化系统：口位于头部腹面近前端，椭圆形，周围有很发达的肌肉。口以下为一细而短的食道，于头后扩大为肠。肠无弯曲或回转，直通尾横膈膜前腹面中央的肛门。

箭虫有圆筒状卵巢一对，位于躯干体腔的后端、消化道(肠)的两侧。卵巢的大小因种及生殖季节而不同。本种卵巢成熟时可超过前鳍后端。

尾部末端有略呈三角形的尾鳍，全部具有鳍条，没有“无鳍条带”。尾部两侧的梨形突起是贮精囊，仅在个体性成熟的时候才发达。

箭虫有细长的精巢一对，位于尾部体腔前半部两侧，前端沿尾部横膈膜稍向内方弯。生殖季节精母细胞由精巢上脱落，按一定方向在尾部体腔内回转运动，变成精子后沿输精管至贮精囊。

(二)浮游被囊动物

1. 有尾纲 Appendiculata

有尾纲又称幼形纲 Larvacea。此纲被囊动物大多透明，内部器官不易区别，可加碘液数滴，使之着色，并加甘油少许，使之透明，在显微镜下观察。

异体住囊虫 *Oikopleura dioica*：个体甚小，身体分躯干和尾两部分，尾连于躯干部腹面中部。躯干部呈椭球形，最前端有口。尾部扁平实心，中央有脊索为轴，生活时尾多向下弯，再略伸向前，尾的主要功用为运动，终生不退化。

躯干为身体的主要部分，相当于一般海鞘的成体部分。身体最外面为一个称作“房”的鞘，“房”由“房上皮”分泌形成，形成后往往很大，动物就居于其内，“房”为滤食器官，常常脱落，由新生的“房”更替，一般保存标本中“房”多已损坏丢失，但也有标本外面有正在产生的“房”。在显微镜下观察，在“房上皮”外面或大或小的透明鞘就是。

口位于躯干的前端，向内通入简单的咽(或称鳃囊)，鳃囊的腹面有短的内柱(endostyle)，为两端闭塞的管状构造。鳃囊仅有两个直通体外的开口，位于鳃囊腹中线的两侧、肛门后方。咽后是短小的食道，食道后有扩大的胃，胃底部接一条窄小的肠，肠向前伸，末端为肛门。

生殖器官位于躯干的最后段，大多为雌雄同体，但本种例外。异体住囊虫有卵巢 1 个，其左右各有精巢 1 个。

神经系统包括一个背神经节及一条长神经索。背神经节又叫脑神经节，位于口后、咽的背面上方，其附近有色素点，可以借以识别。神经索自脑神经节沿消化道向后伸，至尾部沿脊索的左侧后行。脑神经节的左侧有一个平衡囊(图 12-3)。

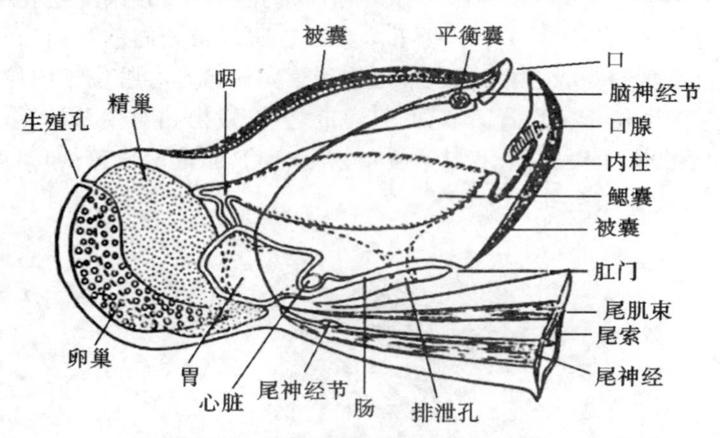

图 12-3　住囊虫内部结构(从郑重等)

住囊虫身体表面有大型的腺细胞，称为"房上皮"，"房上皮"的存在与否、形状和位置是有尾类的重要分类依据。在异体住囊虫中，佛氏房上皮分布于内柱末端上方，直列，由几个大细胞排列而成，大细胞后方有 3 排小的细胞；自内柱向后近躯干中部的表面有圆形的艾氏房上皮，包含 7 个主要细胞。碘液染色后"房上皮"可较清晰地显示出来(图 12-4)。

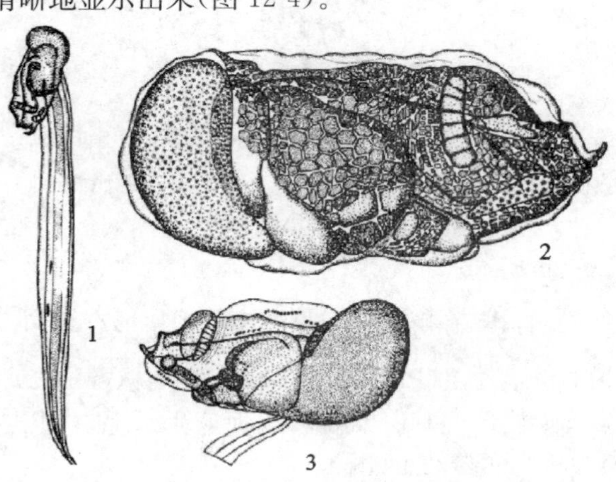

1. 整体；2. 躯干部右面观；3. 躯干部左面观

图 12-4　异体住囊虫

2. 海樽纲 Thaliacea

小齿海樽 *Doliolum denticulatum*：身体透明，桶形，体外被薄的胶质鞘。胶质内为外套，其上有 8 条完整肌肉带围绕着体壁。两端开口，前端为入水孔或称口，有 12 枚围口叶；后端为出水孔或称泄殖孔，有 10 枚围泄殖孔叶。咽(鳃囊)很大，鳃裂多，约有 100 个。肠于倒数第二肌肉带处向前弯曲，开口于泄殖腔。内柱位于鳃腔腹缘，由第二肌带延伸到第四肌带。心脏位于内柱和食道开口之间。神经节位于鳃囊背面、第四肌肉带之前，发出两对主要神经，向前分布于口缘，向后分布于泄殖腔。雌雄同体，精巢管状，靠近消化道；卵巢近球形，在精巢之后，位于肠转弯处(图 12-5)。

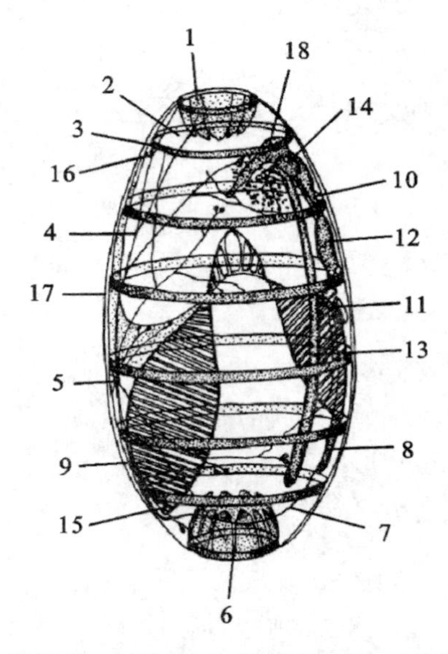

1. 泄殖孔；2. 泄殖腔；3. 肌肉带；4. 神经；5. 神经节；6. 口；7. 围咽带；8. 内柱；9. 鳃囊；10. 肠腺；11. 心脏；12. 胃；13. 精巢；14. 卵巢；15. 纤毛沟；16. 感觉细胞；17. 外套；18. 肠

图 12-5 小齿海樽

(三)常见浮游幼虫

取以下各类幼虫标本，在解剖镜或显微镜下观察形态结构。

1. 腔肠动物的浮浪幼虫(Planula larva)和碟状体(ephyra)

浮浪幼虫呈长圆柱形，两胚层组成，表面遍生纤毛，内胚层细胞集中于体内，无空腔，故又被称为实囊幼虫(图 12-6A)。

碟状体伞缘深凹，身体对称，具 8 瓣，瓣间有感觉球(图 12-6B)。

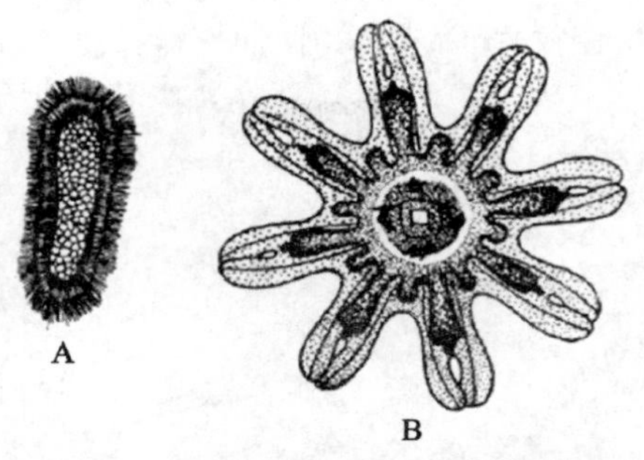

图 12-6　浮浪幼虫(A)和碟状体(B)

2. 扁形动物的牟勒氏幼虫(Müller's larva)

身体卵圆形,腹面有口,背面前端有眼。有 8 个用于游泳的纤毛瓣,1 个在腹面口前方,1 个在背面正中,另外 6 个对称地列于身体两侧,2 对偏腹面,1 对偏背面(图 12-7)。

3. 纽形动物的帽状幼虫(Pilidium larva)

帽状幼虫的形状像有耳瓣的帽子,耳瓣边缘遍生纤毛。口位于虫体下方。反口面顶端有 1 束长的纤毛——顶纤毛束,具感觉功能。纤毛束下是脑板(图 12-8)。

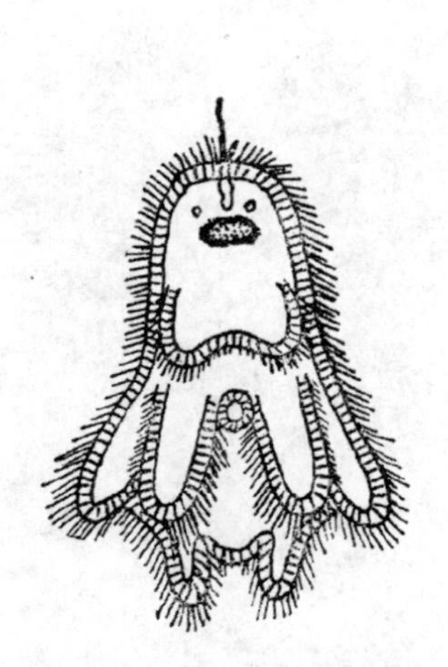

图 12-7　牟勒氏幼虫

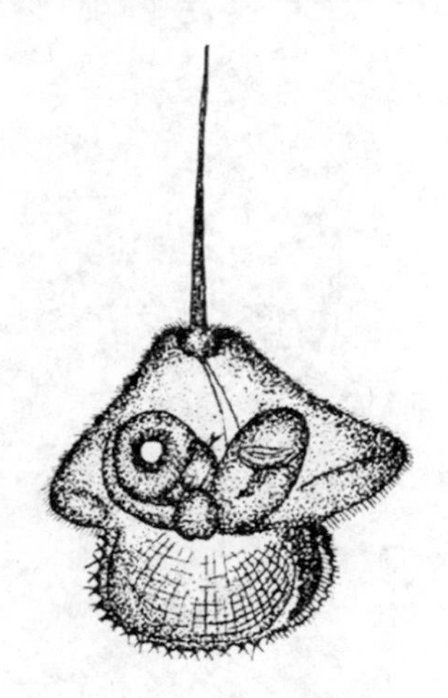

图 12-8　帽状幼虫

4. 环节动物多毛类的担轮幼虫(Trochophore larva)和后期幼虫(Post larva)

担轮幼虫身体呈梨形,前端称顶板或感觉板,其顶端有一束纤毛。身体中部通常有 2 个纤毛环,口在两环之间。有口的一侧为腹面。虫体后端有肛门(图 12-9)。

后期幼虫由担轮幼虫发育而成。身体伸长，两侧长出许多长的刚毛，故又有刚毛幼虫之称。随着体节数的增加，又可划分为若干不同的发育期(图 12-10)。

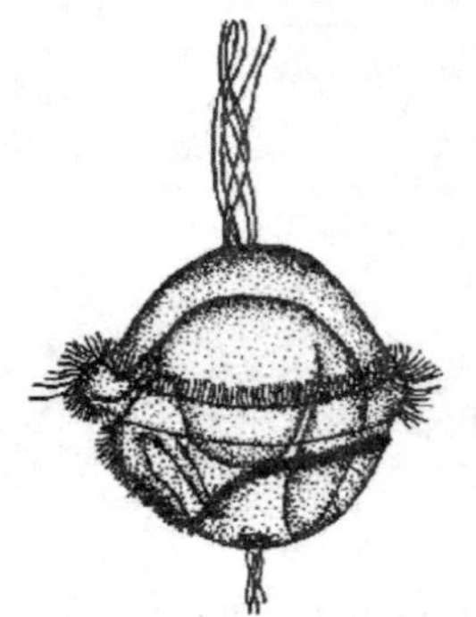

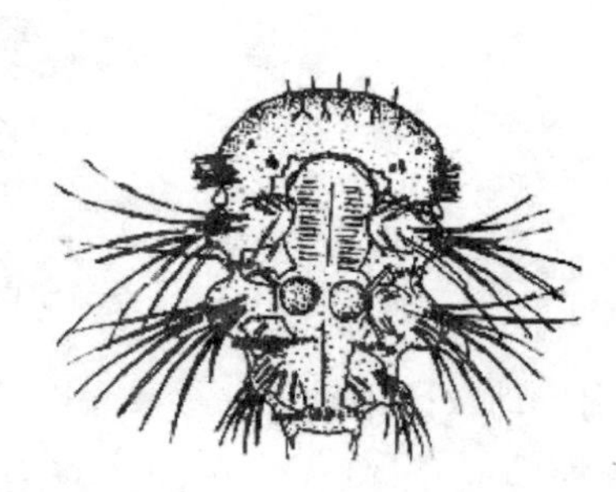

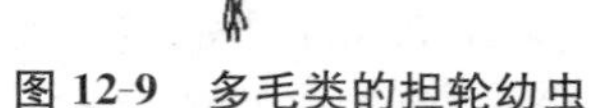

图 12-9　多毛类的担轮幼虫　　**图 12-10　多毛类的后期幼虫**

5. 软体动物面盘幼虫(Veliger)和后期幼虫(Post larva)

软体动物早期的幼虫为担轮幼虫，与多毛类的基本相似。面盘幼虫由担轮幼虫发育而成，具有 2 个有纤毛的半圆形游泳器官，称为面盘，游泳时，纤毛摆动如轮盘(图 12-11)。

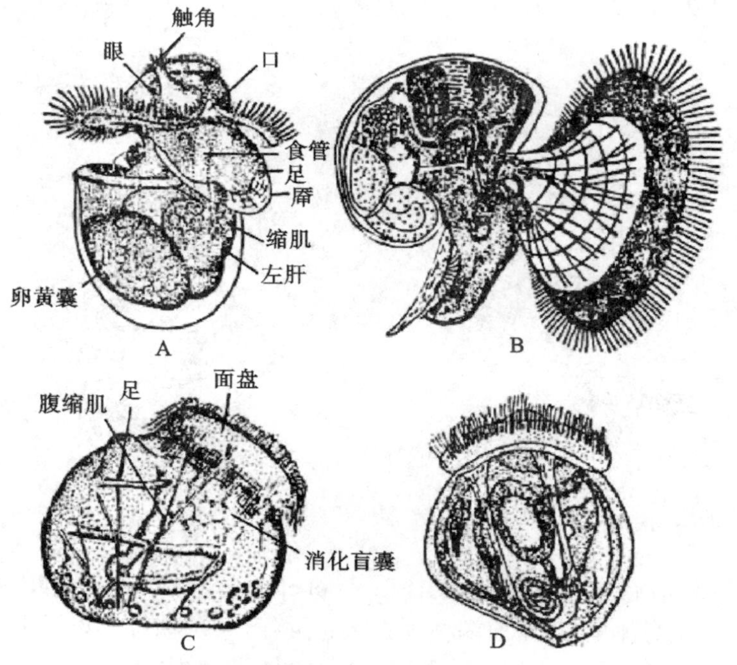

A. 红螺 *Rapana*；B. 履螺 *Crepidula*；C. 贻贝 *Mytilus*；D. 牡蛎 *Ostrea*

图 12-11　软体动物的面盘幼虫(仿郑重等)

后期幼虫由面盘幼虫进一步发育而成，面盘仍存在，但外壳明显发达。瓣鳃类内脏团外形成两片贝壳，由直线形背部连接发育为壳顶，故又称为壳顶面盘幼虫(umbo-veliger)(图 12-12)。

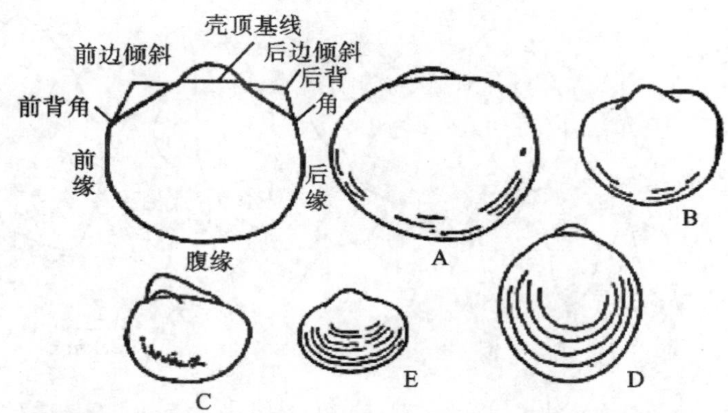

A. 贻贝 *Mytilus edulis*；B. 厚壳贻贝 *M. crassitesta*；C. 长牡蛎 *Crassostrea gigas*；D. 日本船蛆 *Teredo japonica*；E. 泥蚶 *Arca granosa*

图 12-12　瓣鳃类壳顶面盘幼虫的贝壳(仿郑重等)

6. 甲壳类动物

(1)蔓足类的无节幼虫(Nauplius larva)和腺介幼虫(Cypris larva)：无节幼虫背甲略呈三角形，前端两侧各具 1 个棘突，体后端有 1 个长的尾刺。背面前端中央有 1 个单眼。具 3 对分节的附肢(图 12-13)。

腺介幼虫由无节幼虫发育而成，体形象介形类，身体包被于 2 瓣介壳内，具 1 对无柄的复眼和 6 对胸肢(图 12-14)。

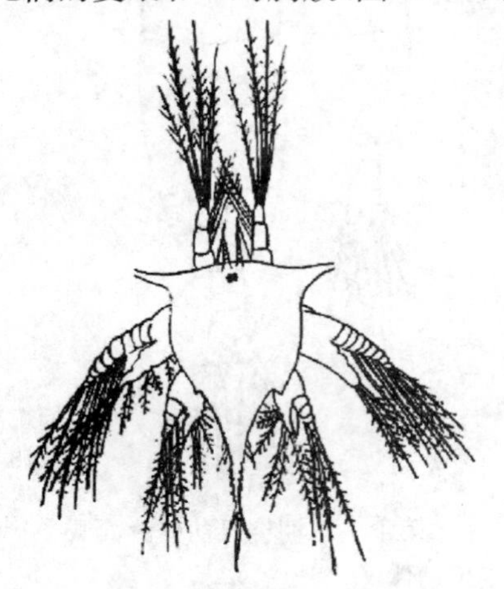

图 12-13　蔓足类无节幼虫

图 12-14　蔓足类腺介幼虫

(2)桡足类的无节幼虫和桡足幼体(Copepoda larva):无节幼虫呈卵圆形,具有1个单眼和3对附肢。一般分为6期,各期的区别在于个体大小、附肢刚毛数和尾刺数(图12-15)。

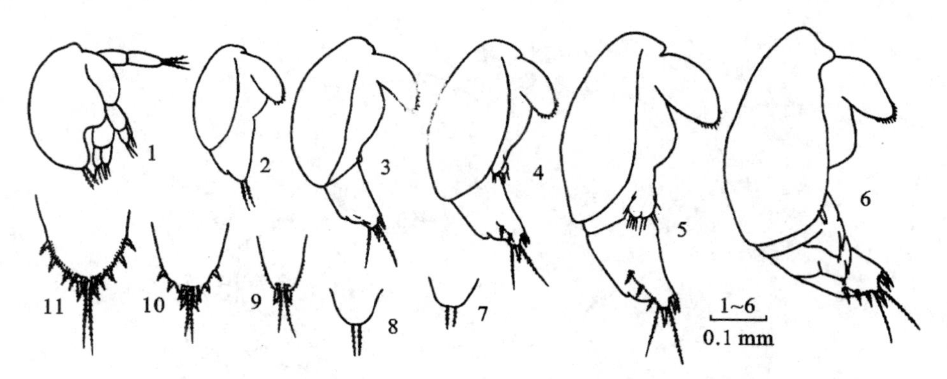

1~6.第Ⅰ~Ⅵ期无节幼虫侧面观;7~11.第Ⅰ~Ⅴ期无节幼虫身体后部腹面观

图12-15　中华哲水蚤的无节幼虫(仿李松等)

桡足幼体身体分前、后体部,基本上具备了成体的外形特征,只是身体较小,体节和胸足数较少。一般分为5期,体节和胸足的数目随着发育期而增多(图12-16)。

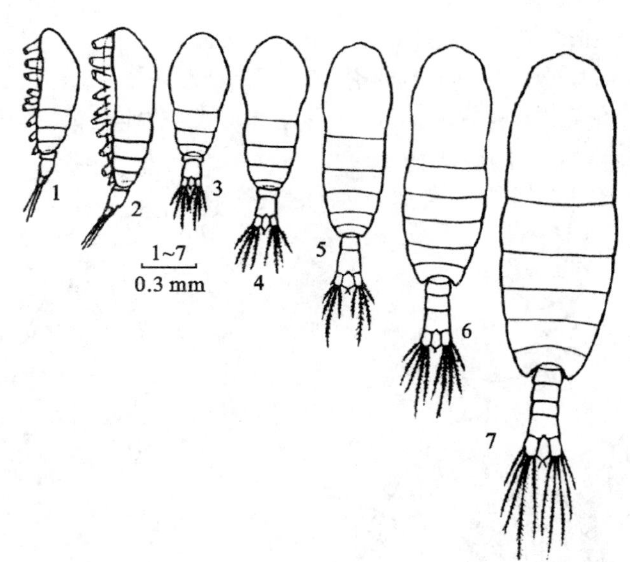

1~2.第Ⅰ~Ⅱ期桡足幼体侧面观;3~7.第Ⅰ~Ⅴ期桡足幼体背面观

图12-16　中华哲水蚤桡足幼体(仿李松等)

(3)磷虾类无节幼虫、节胸幼虫(Calyptopis larva)和带叉幼虫(Furcilia larva):无节幼虫形态上与桡足类无节幼虫相似,具有1个单眼,3对附肢和不分节的卵圆形身体,但是体积较大,发育到末期身体开始伸长,出现了背甲。

节胸幼虫的主要特征是背甲发达,胸部和腹部分区明显,但是复眼被背甲覆盖着。

节胸幼虫发育到带叉幼虫,复眼已经暴露在背甲外面,根据这个特征可把这两种幼虫区别开来。带叉幼虫分12～14期,尾节末端的刺数随着幼虫发育而减少(图12-17)。

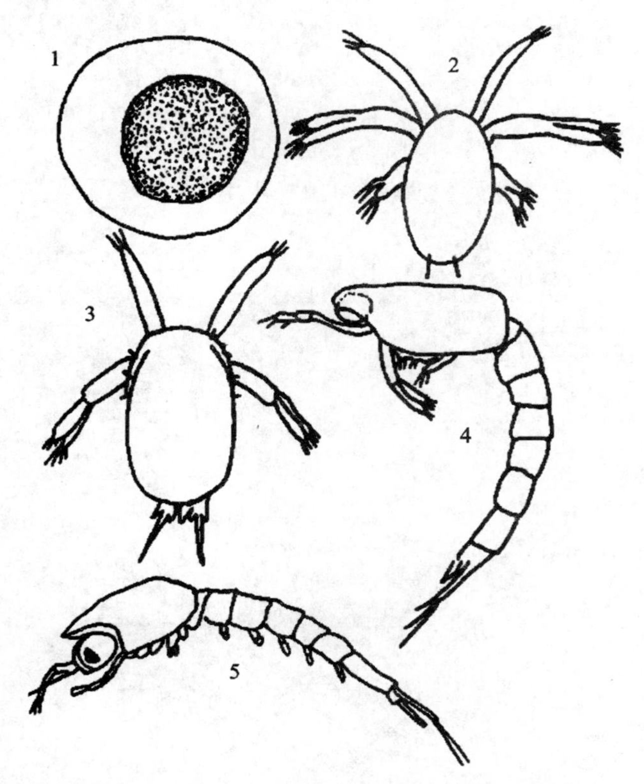

1.卵;2.无节幼虫;3.后期无节幼虫;4.节胸幼虫Ⅲ期;5.带叉幼虫Ⅱ期

图12-17　磷虾的发育

(4)十足目长尾类无节幼虫、蚤状幼虫(Zoea larva)和糠虾期幼体(Mysis larva):长尾类动物种类很多,发育情况不同,但都需经以下幼虫期:

无节幼虫身体不分节,具1个单眼、3对附肢,尾部有成对的尾棘(图12-18)。

蚤状幼虫身体前部宽大,有头胸甲,腹部无附肢(图12-19)。

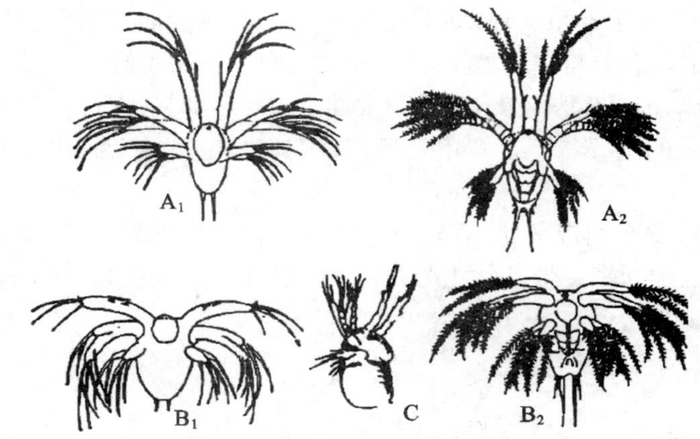

A. 对虾 *Penaeus*：1. 第Ⅰ期，2. 第Ⅳ期；B. 毛虾 *Acetes*：1. 第Ⅰ期，2. 第Ⅲ期；C. 莹虾 *Lucifer*

图 12-18　长尾类无节幼虫（从郑重等）

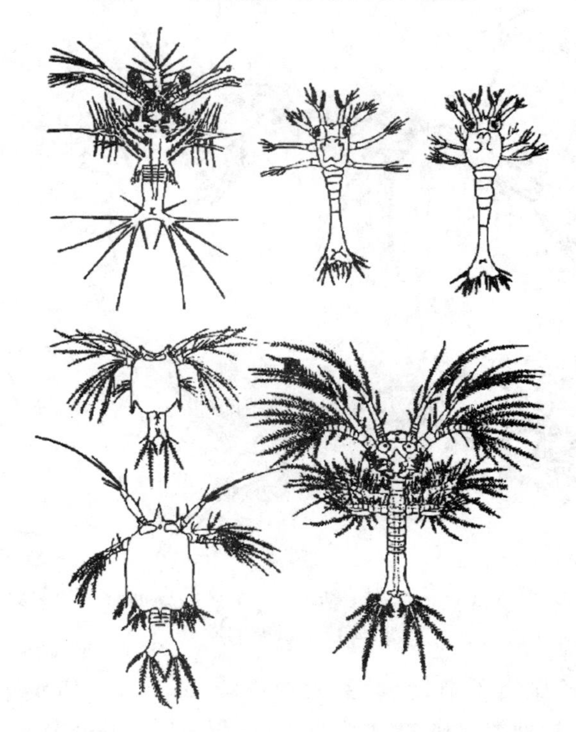

A. 樱虾 *Sergestes*；B. 异指虾 *Processo*；C. 短剑长额虾 *Pandalina*；D. 毛虾 *Acetes*：1. 第Ⅰ期，2. 第Ⅱ期；E. 对虾 *Penaeus* 第Ⅰ期蚤状幼虫

图 12-19　长尾类蚤状幼虫（从郑重等）

糠虾期幼体的头胸部与腹部分界明显，附肢俱全，初具虾形，因似糠虾而得名。（图 12-20）

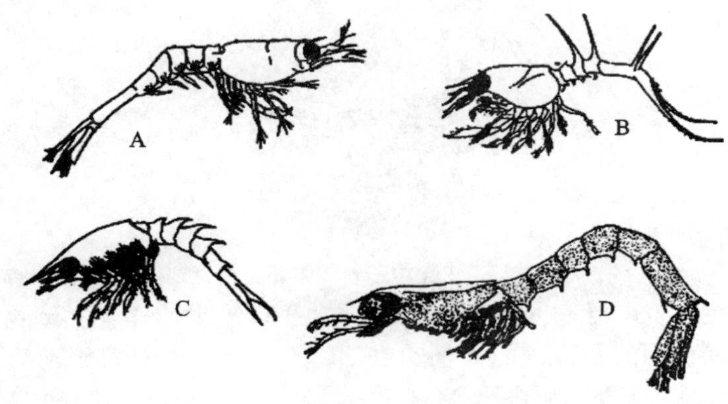

A. 褐虾 *Crangon*；B. 海螯虾 *Nephrops*；
C. 美国龙虾 *Homarus*；D. 莹虾 *Lucifer hanseni*

图 12-20　长尾类糠虾期幼体（从郑重等）

（5）十足目短尾类蚤状幼虫（Zoea larva）和大眼幼虫（Megalopa larva）：蚤状幼虫头胸部发达，背部有 1 根向上伸长的刺，前端有 1 根向下伸长的刺。腹部分节且弯曲。具 1 对较大的复眼，无柄（图 12-21）。

大眼幼虫身体背腹扁平，头胸部发达，似成体。腹部分节，向后伸直，与成体不同，成体腹部弯曲至头胸部腹面。具有 1 对有柄的大复眼（图 12-22）。

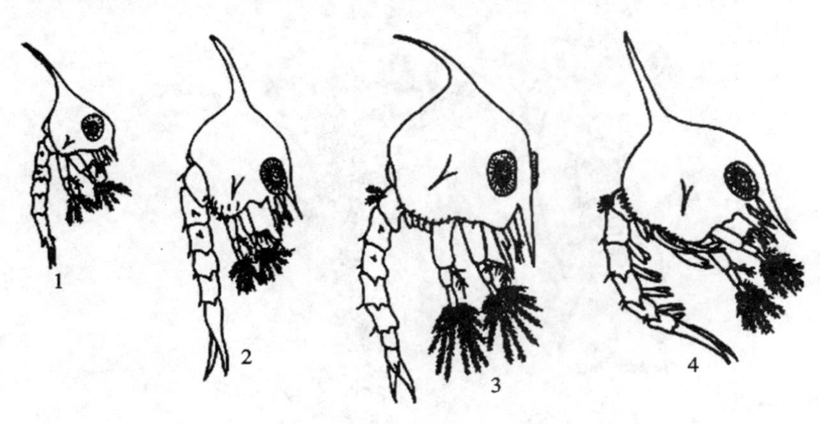

1～4. 蚤状幼虫第Ⅰ～Ⅳ期

图 12-21　三疣梭子蟹蚤状幼虫侧面观

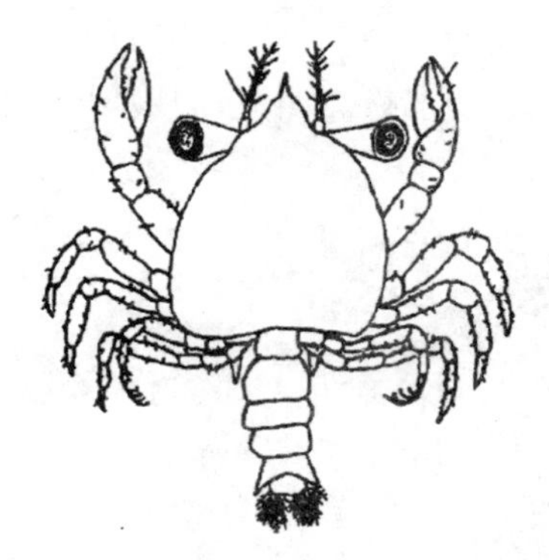

图 12-22　三疣梭子蟹大眼幼虫背面观

(6)十足目歪尾类——磁蟹(Porcellana)的蚤状幼虫:歪尾类动物的幼虫较难鉴定,较易识别的是磁蟹的蚤状幼虫。磁蟹的蚤状幼虫背甲前后端水平伸长,特别是前端细长如针(图 12-23)。

图 12-23　磁蟹的蚤状幼虫

(7)口足类动物的伊雷奇幼虫(Erichthus larva)和阿利玛幼虫(Alima larva):见图 12-24。

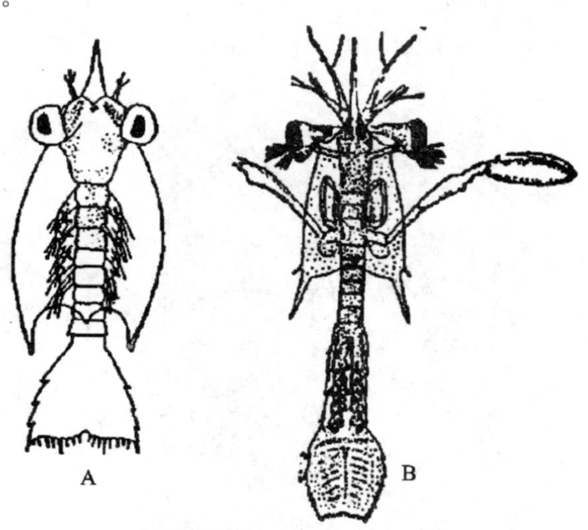

A. 伊雷奇幼虫; B. 阿利玛幼虫

图 12-24　口足类的幼虫(从郑重等)

7. 苔藓动物(外肛类)的双壳幼虫(Cyphonautes larva)

此类动物幼虫形态变化大,其中较常见的是膜孔苔虫的双壳幼虫。双壳幼虫身体呈三角形,体外有 2 片薄的外壳包被。三角形的顶端有脑板和纤毛束。双壳的下端有纤毛环,口位于下端的中央,肛门位于下端后角(图 12-25A)。

8. 腕足动物的舌贝幼虫(Lingula larva)

舌贝幼虫是腕足类海豆芽的幼虫,身体被无铰的壳瓣包被着,并有纤毛触手冠(是幼虫的游泳器官)(图 12-25B)。

9. 帚虫动物的辐轮幼虫(Actinotrocha larva)

外形像多毛类的担轮幼虫。半球形的前端口前笠具加厚的顶板和顶纤毛束,口后纤毛轮转化为多个指状触手。后端突出,肛门开口于此(图 12-25C)。

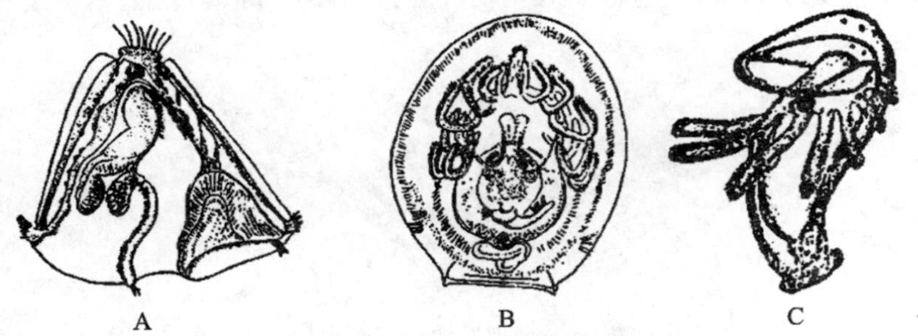

A. 双壳幼虫; B. 舌贝幼虫; C. 辐轮幼虫

图 12-25　苔藓动物、腕足动物和帚虫动物的幼虫

10. 棘皮动物的幼虫

(1)海星纲:海星的幼虫叫羽腕幼虫(Bipinnaria larva)。体形左右对称,口位于腹面中央,肛门位于末端,有纤毛带构成的口前纤毛环和口后纤毛环。纤毛环在一定部位突出形成若干腕(图 12-26)。

(2)海参纲:海参的幼虫称耳状幼虫(Auricularia larva)。外形与海星纲的羽腕幼虫相似,其区别为:两个纤毛环没有完全分开;各腕短小,仅微微突起(图 12-27)。

(3)蛇尾纲:海蛇尾幼虫称长腕幼虫(Ophiopluteus larva),有 4 对细长的口腕,外侧 1 对最长、对称,向两侧伸出,称后侧腕。腕的排列使虫体的形状与等边三角形相似。口位于底部,肛门开在三角形顶端的腹面(图 12-28)。

(4)海胆纲:海胆的幼虫称长腕幼虫(Echinopluteus larva)。外形上与海蛇尾的长腕幼虫相似,不同的是各腕较粗短;口后腕不如海蛇尾幼虫向外张开大;另外还有一对口前腕,位于口的前面(图 12-29)。

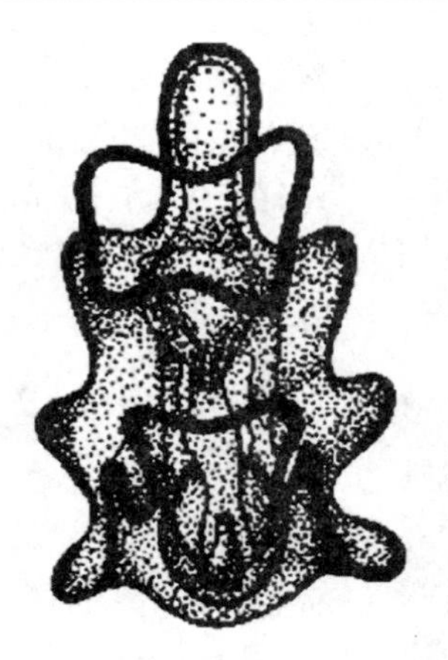

图 12-26　海星的羽腕幼虫

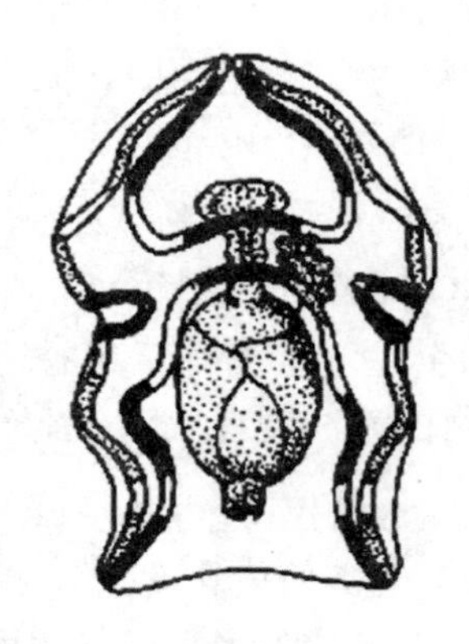

图 12-27　海参的耳状幼虫

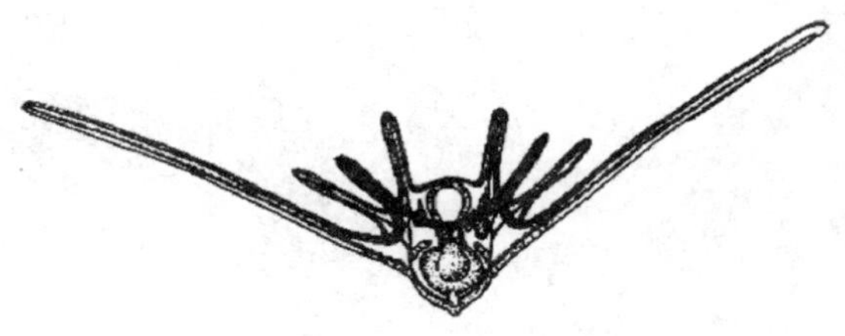

图 12-28　海蛇尾的长腕幼虫

(5)海百合纲:海百合的幼虫称樽形幼虫(Doliolaria larva)。身体长圆形(侧面观),略似被囊类的海樽。顶端有 1 束感觉纤毛。体外有 5 条纤毛环(图 12-30)。

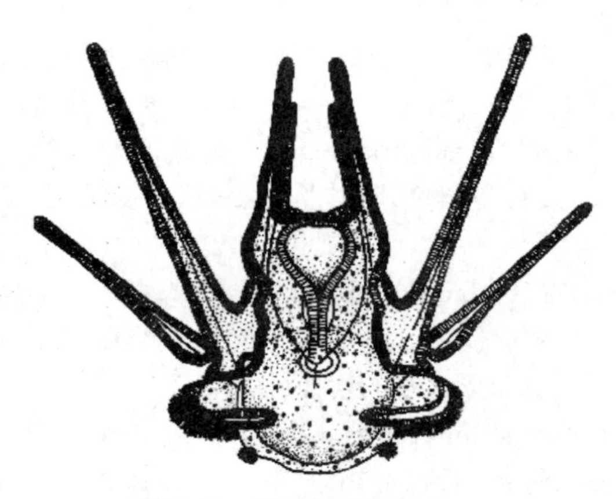

图 12-29　海胆的长腕幼虫

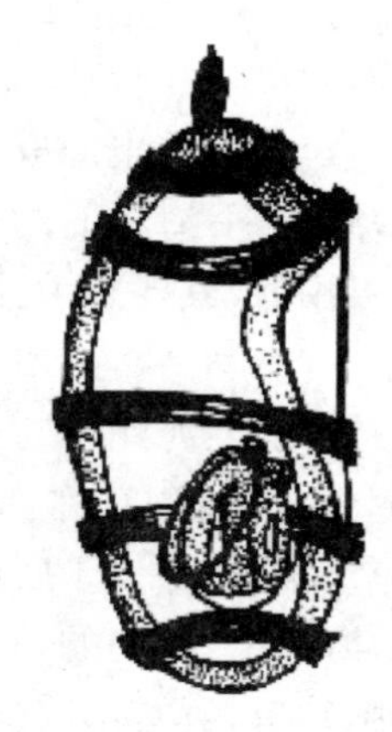

图 12-30　海百合的樽形幼虫

11. 半索动物和脊索动物的浮游幼虫(图 12-31)

(1)半索动物的柱头幼虫(Tornaria larva):与棘皮动物幼虫相似,左右对称,体上有纤毛环。顶端有脑板和顶纤毛束。口位于腹面中央。肛门开口于身体后端。

(2)被囊类的蝌蚪幼虫(Tadpole larva):是海鞘类和海樽类的幼虫,因外形如蝌蚪而得名。身体分为躯干和尾部。

(3)鱼类的各种卵(Fish egg)和仔鱼(Fish larva)。

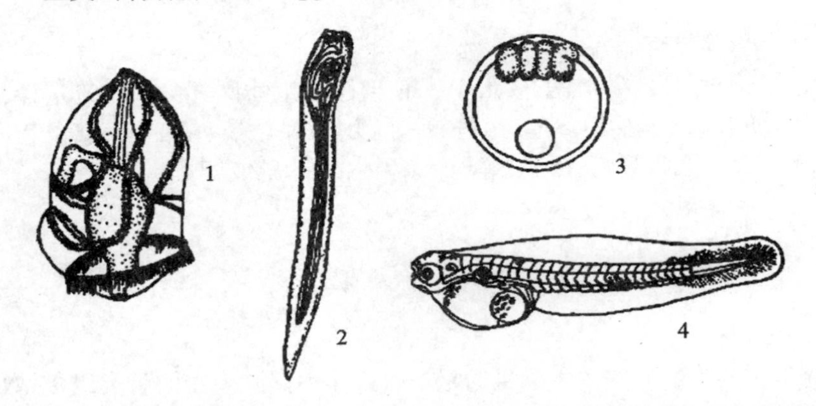

1. 柱头幼虫; 2. 蝌蚪幼虫; 3. 大黄鱼的卵(4 细胞期); 4. 大黄鱼的仔鱼(从厦门水院)

图 12-31　半索动物和脊索动物的幼虫

四、实验报告

(1)绘强壮箭虫背面观图,并注明各部位名称。

(2)绘异体住囊虫形态构造图,并注各部分名称。

实验十三　海洋浮游生物调查方法

一、实验目的

了解并初步掌握海洋浮游生物的调查方法。

二、材料和器具

2.5 dm^3 球盖式采水器、浅水Ⅰ～Ⅲ型浮游生物网、网底管、流量计、量角器、沉锤、使锤、绞车及钢丝绳、吊杆、冲水设备、显微镜、解剖镜、载玻片、盖玻片、标本瓶、培养皿、吸管、镊子、解剖针、甲醛溶液、碘液等。

三、实验内容

(一)海洋浮游生物调查简介

1. 目的

海洋浮游生物调查的主要目的是查明海洋中浮游生物的种类组成、数量分布和变化规律，从而研究海洋生态系统的构成、物质循环和能量流动，为合理开发利用海洋资源、保护海洋环境提供基本资料。

2. 内容

浮游生物调查内容包括浮游植物的种类组成、数量分布以及浮游动物的生物量、种类组成和数量分布；调查内容还可分为定性和定量调查，前者是调查海区中浮游生物的种类组成和分布状况，后者是调查海区中浮游生物的数量、季节变化和昼夜垂直移动等，特别是海区优势种类的数量和分布状况的变化。

3. 方法

调查方法有大面观测、断面观测和定点连续观测(昼夜连续观测)。

(1)大面观测是为了掌握海区浮游生物的水平分布及变化规律，以一定时间、一定距离，使用棋盘式或扇状式进行观测采集。包括分层采水和底表拖网。分层采水用于浮游植物调查、叶绿素浓度和初级生产力的测定；底表拖网通常用于浮游动物样品的采集。

(2)断面观测是为了掌握浮游生物垂直分布情况，在调查海区布设几条有代表性的观测断面，在每个断面上设若干观测站进行采集。包括底表拖网、垂直分段拖网和分层采水等。

(3)定点连续观测是为了研究浮游动物的昼夜垂直移动,在调查海区布设若干有代表性的观测站,根据研究目的在观测站抛锚进行周日或多日连续观测。

(二)海上样品采集

1. 分层采水

球盖式采水器有不同的容积,常用的是2.5 dm^3 采水器。采水筒是有机玻璃制成的,两端有卡盖,靠橡皮筋拉紧。使用前将卡盖打开,由绳拉住固定在筒外的上、下挂钩上,挂钩又由触杆和弹簧片组成的触动装置控制(图13-1)。

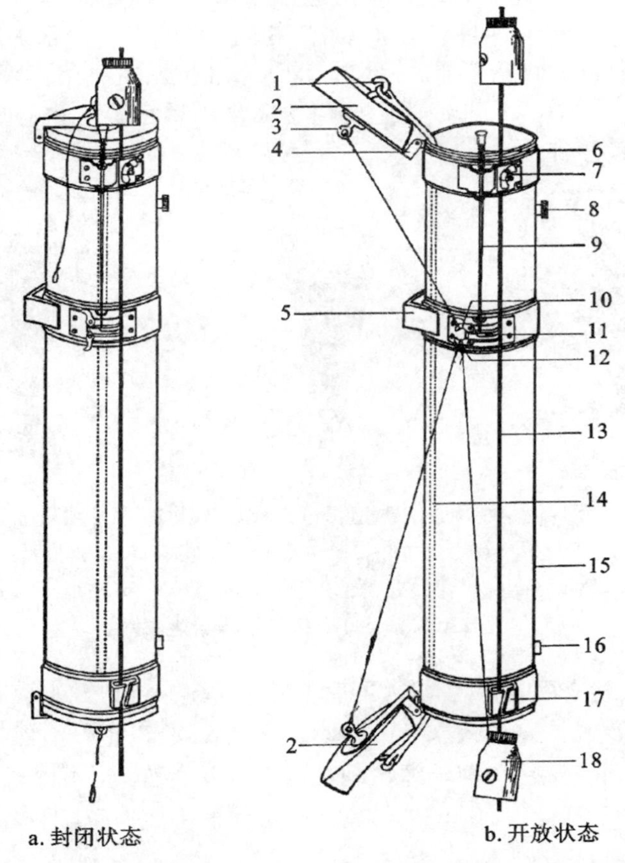

1. 内侧拉钩；2. 球盖；3. 金属环；4. 金属活页；5. 把手；6. 弹簧；7. 固定夹螺丝；8. 气门；9. 触杆；10. 上挂钩；11. 弹簧片；12. 下挂钩；13. 钢丝绳；14. 橡皮筋；15. 采水筒；16. 出水嘴；17. 钢丝绳槽；18. 使锤

图13-1　球盖式采水器

实验时按需要采集的层次，逐一挂好采水器和使锤，下降到所需的水层深度。在甲板上一手握住钢丝绳，一手沿钢丝绳打下使锤。当采水器到达需采集的水层，打下使锤，使锤砸到触动装置，挂钩松开，卡盖靠橡皮筋的力量弹回，采水器封闭。此时操作者扶钢丝绳的手可感受其振动(挂几个采水器就有几次振动)。开动绞车逐个提出采水器，将采到的水样装入标本瓶中。

2. 垂直拖网

浮游生物网具式样很多，性能也各不相同，可根据调查海区情况和采样对象选用不同的网型。常用的有浅水Ⅰ、Ⅱ、Ⅲ型浮游生物网和大、中、小型浮游生物网两套网具。浅水Ⅰ、Ⅱ、Ⅲ型网适用于 30 m 以浅海域，网长分别为 145 cm，140 cm 和 140 cm，网目和网口径各不相同(图 13-2)。浅水Ⅰ型网主要用于采集大、中型浮游动物及鱼卵、仔稚鱼等；浅水Ⅱ型网主要用于采集中、小型浮游动物和夜光虫等；浅水Ⅲ型网主要用于采集小型浮游生物，如硅藻、原生动物、小型浮游幼虫等。

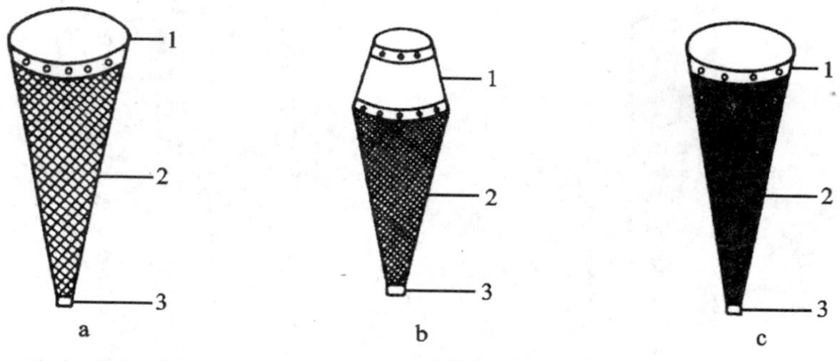

a. 浅水Ⅰ型浮游生物网：1. 过滤部(细帆布)；2. 过滤部(筛绢)；3. 网底部

b. 浅水Ⅱ型浮游生物网：1. 头锥部；2. 过滤部；3. 网底部

c. 浅水Ⅲ型浮游生物网：1. 过滤部(细帆布)；2. 过滤部(筛绢)；3. 网底部

图 13-2　浅水Ⅰ、Ⅱ、Ⅲ型浮游生物网

下网前要检查网具是否完好、网底管是否关闭。网口到水面时将绞车计数器归零，以计绳长。网口入水后下网速度不能太快，以钢丝绳保持紧、直为准。当网具接近海底时减速，钢丝绳出现松弛时立即停车，记下绳长并开始起网。起网速度保持在 0.5～0.8 m/s，网口未出水面前不能停车，网口离开水面后减速并及时停车。

网升到适当高度后，用冲水设备自上而下反复冲洗网衣外表面，使黏附于网衣上的标本被冲到网底管中，注意切勿使海水进入网口。冲网后将网收入甲板，开启网底管活门，把标本装入标本瓶。关闭网底管活门，冲洗网底管筛绢套，反复几次，直到将标本全部收入标本瓶中。

（三）海上记录

海上采集过程要按规定做好原始记录。记录内容包括站位号、海区、站位、水深、采样时间、采集项目、绳长、倾角、瓶号、采集及记录者姓名等。

（四）活体样品的观察

样品收集后，一部分用于活体实验观察。将混合标本置于载玻片上或培养皿中，在显微镜或解剖镜下进行观察，注意各类浮游生物的体色、形态、运动形式等。

（五）样品的固定与分析

收集后的样品除用于活体观察外，其余样品要立即杀死和固定。一般浮游植物每升水样用 6～8 mL 碘液固定，浮游动物用 5%甲醛溶液固定。

将固定好的标本在显微镜或解剖镜下进行分类鉴定。

四、实验报告

(1)体会浮游生物样品采集的操作过程，写出应该注意哪些问题。

(2)写出采集到的浮游动物标本名录。

第三部分　海洋底栖动物

实验十四　多毛类动物的形态观察

游走亚纲

一、实验目的

(1)了解并初步掌握沙蚕科典型代表的形态鉴别特征。

(2)认识黄渤海习见游走亚纲主要科的代表动物,初步掌握主要科的特征。

二、材料和器具

(1)实验材料:沙蚕科典型代表动物:日本刺沙蚕 *Neanthes japonica* 和双齿围沙蚕 *Perinereis aibuhitensis*。每2位同学为1组,每组同学取沙蚕各1条。

(3)实验器具:每人显微镜和解剖镜各1架、培养皿1套、载玻片和盖玻片各2张,解剖工具1套(解剖针2支、尖头镊子1把),纱布1块。

三、实验内容

1. 日本刺沙蚕

(1)产地和分布:日照潮间带。系广盐性种,可生活在海水、半咸水和淡水水域。潮间带上区到潮下带都有分布,生活底质为泥、泥砂或砂。我国黄渤海至长江口都有分布。为中国和日本特有种。外形如图14-1所示。

(2)吻上各区(图14-2)有圆锥状齿,各区齿的数量和分布如表14-1所示:

表14-1　各区齿的数量和分布

区	Ⅰ	Ⅱ	Ⅲ	Ⅳ	Ⅴ	Ⅵ	Ⅶ和Ⅷ
齿数 排列	1～5 弯曲排	8～12 弯曲排	30～40 一堆	12～15 2～3个弯曲排	无齿	4～7 一堆	15～20 一横排

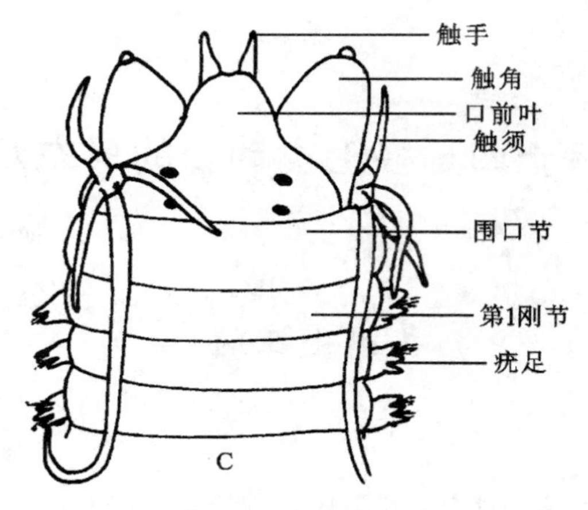

图 14-1　沙蚕的外形

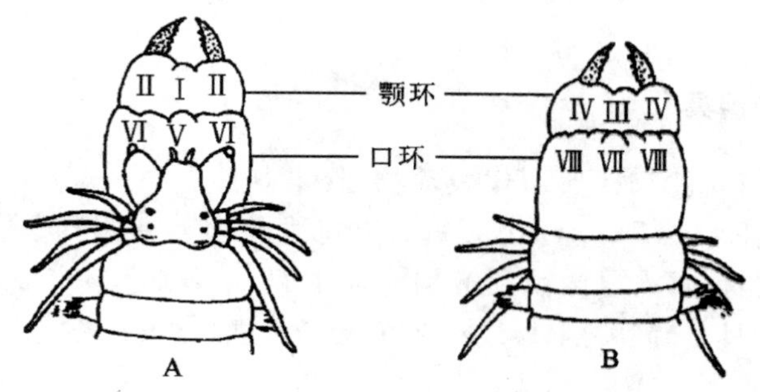

A. 头部和吻的背面观；B. 头部和吻的腹面观

图 14-2　沙蚕吻的分区(从孙瑞平等)

(3)前 2 对疣足为单叶型,其余的疣足为双叶型。体前部和体中部疣足具 3 个背舌叶,上背舌叶宽大为叶片状,中央 1 个小。体后部疣足的中央背舌叶变小呈突起状(图 14-3)。

(4)所有背刚毛均为等齿刺状,体前部和体中部疣足的腹刚叶足刺上方具等齿刺状和异齿镰刀形刚毛,足刺下方具等齿、异齿刺状刚毛和异齿镰刀形刚毛,体后部疣足(36 刚节以后)腹刚叶足刺上方,有 1～2 根简单型刚毛(图 14-4)。

2. 双齿围沙蚕

(1)产地和分布:日照潮间带。我国从北到南潮间带均有分布。为广盐性种,常分布在河口地带,系泥砂质潮间带上层的优势种。

(2)吻上各区齿的数量和分布如表 14-2。

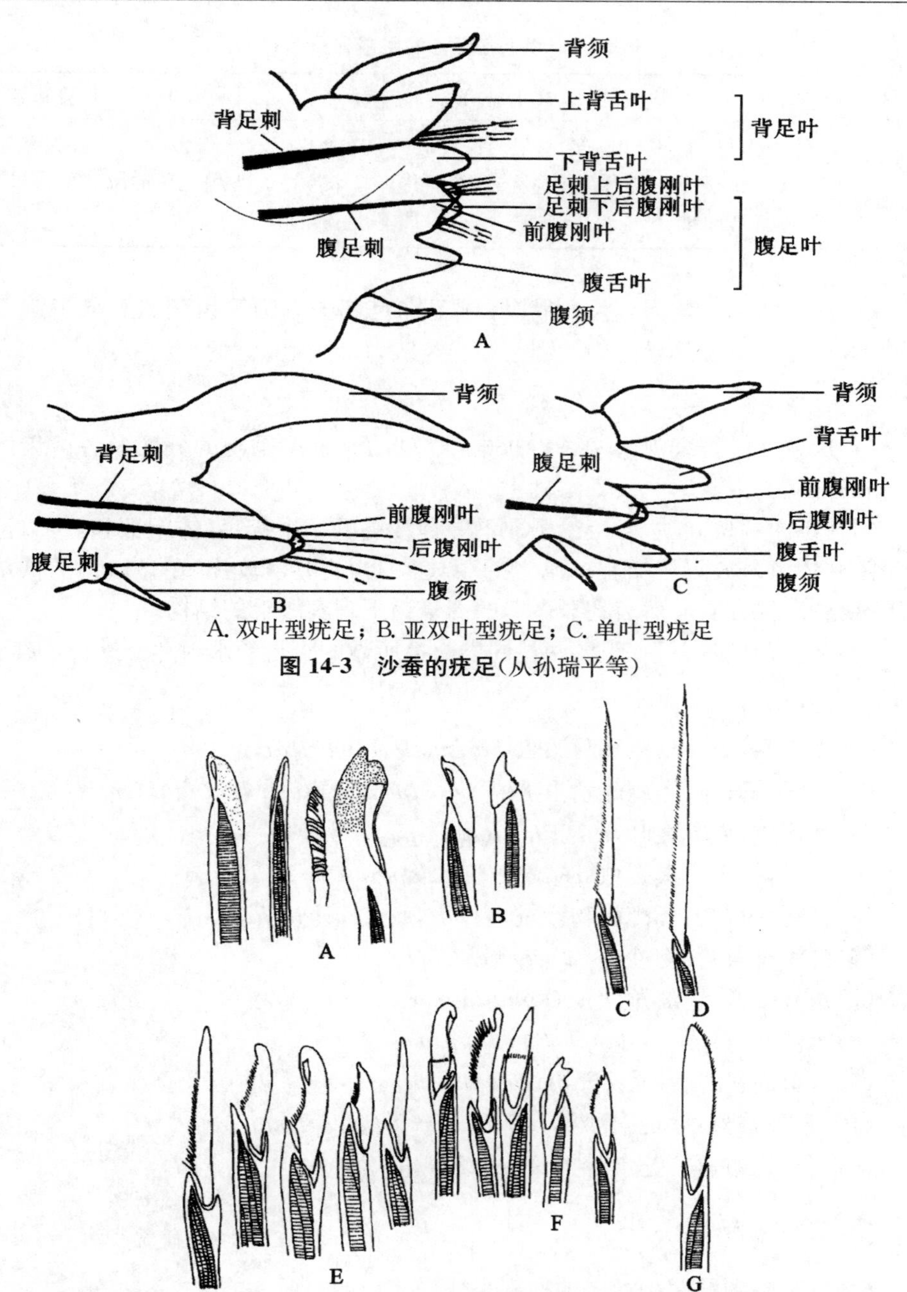

A. 双叶型疣足；B. 亚双叶型疣足；C. 单叶型疣足

图 14-3　沙蚕的疣足（从孙瑞平等）

A. 简单型刚毛；B. 伪复型刚毛；C. 复型异齿刺状刚毛；D. 复型等齿刺状刚毛；E. 复型异齿镰刀形刚毛；F. 复型等齿镰刀形刚毛；G. 桨状刚毛

图 14-4　沙蚕的刚毛（从孙瑞平等）

表 14-2　吻上各区齿的数量和分布

区	Ⅰ	Ⅱ	Ⅲ	Ⅳ	Ⅴ	Ⅵ	Ⅶ和Ⅷ
齿数和排列	2～4	12～18 2～3 个弯曲排	30～54 椭圆形堆	18～25 3～4 个斜排	2～4 3 个齿排成三角形	2～4 扁三角形齿	很多 两排齿

(3)所有背刚毛均为等齿刺状,腹刚毛在足刺上方为等齿刺状和异齿镰刀形刚毛,在足刺下方具异齿刺状刚毛和异齿镰刀形刚毛。

3. 实验步骤

(1)用解剖镜仔细观察两种沙蚕的外部形态,重点是吻的分区及各区齿的数目和排列。

每一组的两位同学,各用镊子取下一种沙蚕的一个疣足(体中部和后部,记住是第几体节),放置在加有一滴水的载玻片上,盖上盖玻片,在显微镜的低倍镜下观察疣足的结构,然后在显微镜的高倍镜下观察刚毛的结构。

(2)交换载玻片:每一组的两位同学交换所做的疣足的水封片。进行观察。

4. 示教标本

(1)多手鳞沙蚕科:覆瓦哈鳞虫 *Harmothoe imbricata*

(2)锡鳞虫科:黄海刺疏鳞虫 *Ehlersileanira izuensis huanghaiensis*

(3)叶须虫科:乳突叶须虫 *Phyllodoce papillosa*

(4)裂虫科:千岛模裂虫 *Typosyllis adamantens kurilensis*

(5)齿吻沙蚕科:寡鳃齿吻沙蚕 *Nephtys oligobranchia*

(6)吻沙蚕科:长吻沙蚕 *Glycera chirori*

(7)角沙蚕科:色斑角沙蚕 *Goniada maculata*

(8)矶沙蚕科:岩虫 *Marphysa sanguinea*

(9)欧努菲科:巢沙蚕 *Diopatra amboinensis*

(10)索沙蚕科:异足索沙蚕 *Lumbrinereis heteropoda*

(11)花索沙蚕科:花索沙蚕 *Arabella iricolor*

四、实验报告

(1)将观察到的两种沙蚕的吻部齿式做表说明。

(2)绘两种沙蚕的疣足及刚毛图(在疣足的旁边单独绘所观察到的刚毛图)。

管栖亚纲

一、实验目的

(1)了解并初步掌握小头虫科典型代表动物的形态鉴别特征。

(2)认识黄渤海习见管栖亚纲主要科的代表动物，初步掌握主要科的特征。

二、材料和器具

(1)实验材料：代表动物为小头虫 *Capitella capitata*，两人一组，雌、雄虫各一条。

(2)实验器具：每人显微镜和解剖镜各 1 架、培养皿 1 套、载玻片和盖玻片各 2 张，解剖工具 1 套(解剖针 2 支、尖头镊子 1 把)，纱布 1 块。

三、实验内容

1. 小头虫科的特征及种的描述

详见各有关的分类参考书。

2. 小头虫科鉴别到属的主要特征

小头虫科动物鉴别到属依据的主要特征有：胸部刚毛节数、胸部毛状刚毛和钩状刚毛节数。小头虫属及相近属胸部刚毛节的模式排列见图 14-5。

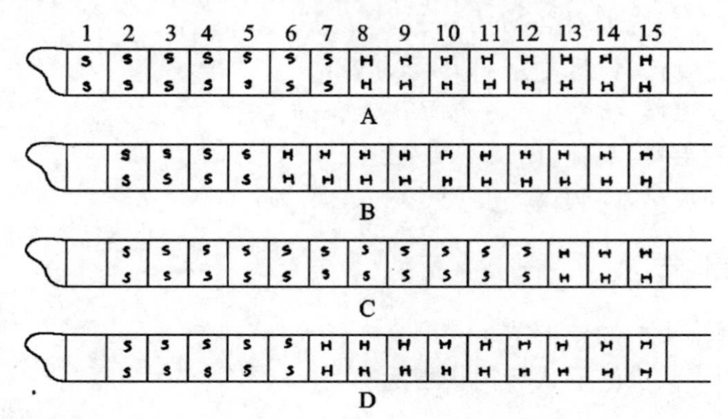

(图示虫体一侧的背肢和腹肢的刚毛类型；S 表示毛状刚毛；H 表示钩状刚毛)

A. 小头虫属 *Capitella*；B. 中蚓虫属 *Mediomastus*；

C. 背蚓虫属 *Notomastus*；D. 异蚓虫属 *Heteromastus*

图 14-5　小头虫科常见属刚毛分布示意图

3. 实验步骤

(1)用解剖镜(高倍镜)仔细观察代表动物——小头虫的外部形态,重点是胸部的毛状刚毛节和钩状刚毛节数,注意分别♂♀。

(2)用尖头镊子取下钩状刚毛,放在载玻片上,滴一滴水后加盖玻片,显微镜下观察刚毛的形态。

4. 示教标本

(1)小头虫科:异蚓虫 *Heteromastus filiformis*

背蚓虫 *Notomastus latericeus*

(2)沙蠋科:海蚯蚓 *Arenicola marina*

(3)海稚虫科:羽鳃稚齿虫 *Prionospio pinnata*

(4)角版虫科:海不倒翁虫 *Sternaspis scutata*

(5)异毛虫科:独指虫 *Aricidea fragilis*

(6)锥头虫科:长单尖锥虫 *Haploscoloplos elongata*

(7)燐虫科:燐虫 *Chaetopterus variopedatus*

(8)丝鳃虫科:丝鳃虫 *Cirratulus cirratus*

(9)扇毛虫科:鳃肾扇虫 *Brada* sp.

(10)海蛹科:日本臭海蛹 *Travisia japonica*

(11)竹节虫科:安氏竹节虫 *Euclymene annadalei*

(12)笔帽虫科:笔帽虫 *Pectinaria* sp.

(13)双栉虫科:米列虫 *Melinna cristata*

(14)蛰龙介科:长蛰龙介 *Pista elongata*

(15)毛鳃虫科:梳鳃虫 *Terebellides stroemi*

(16)缨鳃虫科:双旋虫 *Bispira* sp.

(17)龙介虫科:内刺盘管虫 *Hydroides ezoensis*

四、实验报告

(1)绘制小头虫的外形图。

(2)绘制小头虫的毛状和钩状刚毛图。

附:黄渤海习见多毛纲游走亚纲检索表

1. 躯干部同律分节。头部发达,吻能翻出,大都具坚硬的颚。疣足较长具足刺。多数体节内具肾管。多数种类自由运动,或爬行或穴居;少数种类营浮游生活或管栖生活 ………………………………………………………………………………………… 游走亚纲 Ettantia

2. 背部具背腹扁平的鳞片

3. 腹刚毛叶上具复型节状刚毛 ………………………………………… 锡鳞虫科 Sigalioridae

(3)所有刚毛均简单型,无复型刚毛。

4. 仅有一个须节位于两鳞节之间,虫体为蠕虫形 ………………… 蠕鳞虫科 Acoetidae

具明显背疣的伪刷状刚毛 ……………………… 黑斑多齿鳞虫 *Polydontes melaronotar*

(4)体前部有一个须节位于两个鳞节之间,体后部所有须节均位于两个鳞节之间。

5. 吻上无几丁质的颚齿。背刚毛有两种:一种为粗大的刺形或逆钩形,另一种很长为毛状,常聚集成毛毡覆盖在背鳞上面,头部仅一个中央头触手 … 单手鳞沙蚕科 Aphacdihlidae

背部全部为刚毛所掩盖,围口节的触手向前方伸出,形成侧唇 ……………………………………………………………………………… 澳洲鳞沙蚕 *Aphrodita australis*

(5)吻上具几丁质的颚齿,背部无毛毡,头触手 3 个(中央 1 个,两侧 2 个) …………………………………………………………………………… 多手鳞沙蚕科 Polynoidae

6. 头部具额角,侧触手腹位,背鳞 15 对

7. 背刚毛末端不呈毛状

8. 腹刚毛末端为单齿型 ……………………………………………… 优鳞虫属 *Eunoe*

触手和背须上均有丝状突起 …………………………………… 欧氏优鳞虫 *Eunoe Oerstedi*

(8)全部或部分刚毛末端为双齿型 ……………………………… 哈鳞虫属 *Harmothoe*

前一对眼部分位于腹面额角下方,背鳞表面具不同颜色的斑点,腹刚毛端节为双齿型 ……………………………………………………… 覆瓦哈鳞虫 *Harmothoe imbricata*

(7)背刚毛末端为毛状

8. 背叶和腹叶上具两种刚毛 ……………………………………… 夜鳞虫属 *Hesperonoe*

(8)腹叶仅具一种刚毛 …………………………………………………… 格鳞虫属 *Gattyana*

(6)头部无额角,侧触手直接附于头部前缘上面。

7. 背鳞的数目变化较大,超过 20 对。

8. 疣足的背叶退化,上面仅具足刺或兼具 1～2 根刚毛,背鳞的数目多达 50 对 ……………………………………………………………………………… 脆鳞虫属 *Lepidasthenia*

(8)疣足具缘穗,其背叶有一束细长的刚毛,背鳞数可达 27 对 ……………………………………………………………………………… 穗鳞虫属 *Halosydnopsis*

(7)鳞片数目固定(12～18 对)

8. 鳞片 12 对 ………………………………………………………… 背鳞虫属 *Lepidonocus*

9. 鳞片上无圆锥形大齿突。背鳞片与体背面相附着的地方有一白色圆圈,背鳞软而肥厚……………………………………………………… 软背鳞虫 *Lepidonotus helotypus*

(9)背鳞无白色圆圈,背鳞表面具小球形乳突…………相模背鳞虫 *Lepidonotus sagamiana*

(8)鳞片 18 对 ………………………………………………………… 海鳞虫属 *Halosydna*

背鳞具色斑和短的缘穗………………………………… 雾海鳞虫 *Halosydna nebulosa*

(9)体节数目不超过 40 节,体背面满覆鳞片

10. 疣足背叶很发达,腹刚毛末端具 1 或 2 端齿 ……………… 玛鳞虫属 *Malmgrenia*

(10)疣足背叶退化,腹刚毛末端圆形或单齿形 …………… 拟海鳞虫属 *Parahaloydna*

(2)背部不具鳞片

3. 背须两侧扁平,多为宽大的叶片状,吻上不具颚齿 ………… 叶须虫科 Phyllodocidae

4. 体短小,背腹须小,不呈叶状 …………………………………… 特须虫亚科 Lacydoninae

(4)体细长,背腹须大,为叶状叶 …………………………………… 叶须虫亚科 Phylladocinae

5. 触须 2 对 ……………………………………………………………… 双须虫属 *Eteone*

(5)触须 4 对

6. 头部具 5 个触手

7. 头部后端具脑后突起,疣足双枝型 ……………………… 背叶虫属 *Natophyllam*

脑后突 1 或 2 对 ………………………………………… 背叶虫 *Natophyllam folioswm*

(7)头部后端无脑后突,疣足单枝型 ………………………………… 巧言虫属 *Eulolia*

仅一对触须,背须特长,末端尖锐 ……………………………… 绿巧言虫 *Eulolia viridis*

(6)头部具 4 个触手 ……………………………………………… 叶须虫属 *Phyllodoce*

头部圆形,具 4 个触手和 2 个黑色眼,背须为粟(红褐色) ……………………………
……………………………………………………………… 粟色叶须虫 *Phyllodoce castanca*

(3)背须非叶片状

4. 背刚毛为宽扁的刀形(压舌片形),腹刚毛复型,头部具 3 个触手 ……………………
………………………………………………………………… 金扇虫科 Chrysapetalidae

(4)无宽扁的刀形刚毛

5. 头部(口前叶)小,其上多具肉瘤,触手 3,触角 2,疣足具发达的相距较大的背腹叶,鳃有很多分枝 ………………………………………………………… 仙女虫科 Amphinomidae

(5)头部(口前叶)不具肉瘤

6. 吻上无任何附属物,吻内或具 1～3 个小而色浅的几丁质齿,似三棱匕首

7. 疣足双枝型,背叶有时仅具一个足刺 ………………………… 白毛虫科 Pilargiidae

腹刚毛全为复型或背刚毛为简单型腹刚毛为复型,触须 6～8 对 ……………………
……………………………………………………………………… 海女虫科 Hesionidae

(7)疣足单枝型,触须 2 对或缺 ……………………………………… 裂虫科 Syllidae

每个体节背面中央具有发亮的圆形斑 ……………………… 艳丽裂虫 *Syllis decorus*

(6)吻前方具 2 或 4 个钩形大颚,或具数目不等的颚片或小齿

7. 头部(口前叶)很长,圆锥形,上具环轮,口前叶顶端具 4 个小触手,吻大而长,末端具 1～2 对大颚或很多小齿 ………………………………………… 吻沙蚕科 Glyceridae

疣足前壁具能伸缩的小鳃,疣足的两个前唇大约等长,末端尖细,吻上乳突为圆锥形和球形 ……………………………………………………………… 长吻沙蚕 *Glycera chirori*

(7)头部很小,为五角形,触手 4 个。吻前端具 2 个几丁质大颚。仅具细毛状刚毛 ……
……………………………………………………………………… 齿吻沙蚕科 Nephtyidae

8. 鳃向内卷曲,末端朝向身体方向。吻壁上具 14 行纵行乳突 ………………………
……………………………………………………… 中华齿吻沙蚕 *Nephtys sinensis*

(8)鳃向外卷曲,末端朝着身体的外方。

9. 吻背面具一不成对的长乳突,鳃短粗,体节一般达 50 ………………………………………………………………………………… 寡鳃齿吻沙蚕 *Nephtys oligobranchia*

(9)吻前面无乳突,疣足前后唇不发达,头部不具任何色斑,最大约 18 mm …………………………………………………………………… 多鳃齿吻沙蚕 *Nephtys polybranchia*

9. 颚器由前方的两个钩形大颚及位于各区的小齿组成,疣足发达,多为双叶型,节状刚毛无透明的中部 ………………………………………………………… 沙蚕科 Nereidae

10. 3 对触须,疣足主要为单枝型,吻平滑……………………… 美女沙蚕属 *Lycastopeis*

(10)4 对触须,疣足除前 2 对外为双枝型。

11. 无几丁质齿。

12. 吻上无乳突,触手和触须具节 ………………………………… 胜利沙蚕属 *Nicon*

(12)吻上有软乳突 ……………………………………………… 角头沙蚕属 *Ceratoephala*

12. 吻的口环上还带有软乳突……………………………………… 突齿沙蚕属 *Leonates*

(12)无软乳突。

13. Ⅵ区具扁平齿 ……………………………………………………… 围沙蚕属 *Perinereis*

14. Ⅵ区有 2～3 个扁平带尖的齿 ………………… 双齿围沙蚕 *Perinereis aibuhitensis*

(14)Ⅵ区齿极扁,Ⅴ区具有 3 个齿 ……………………… 多齿围沙蚕 *Perinereis nuntia*

(13)吻上齿全部为圆锥形。

14. 围口节上具一大的领部 …………………………………… 环唇沙蚕属 *Cheilonereis*

(14)无领部

15. 齿大各区排列不规则 ……………………………………………………… 沙蚕属 *Nereis*

16. 吻上各区均具齿 ……………………………… 锐足全刺沙蚕 *Nereis oxypoda*

(16)吻上有此区不具齿。

17. Ⅴ区不具齿,疣足上叶长 ……………………………………… 旗须沙蚕 *Nereis vexillosa*

(17)Ⅴ区不具齿,疣足背舌叶为尖圆形,体后部疣足腹刚毛叶上有 1～2 根简单型刚毛 ……………………………………………………………………………… 日本沙蚕 *Nereis japonica*

(15)齿非常细小,密集排成很多行 ………………………………… 阔沙蚕属 *Plotynereis*

(9)颚器由 2 个具长足薄片的下颚以及 5 对上颚(多为齿片)组成,疣足单叶型或具特别退化的背叶,节状刚毛具中部。

10. 头部具触手、触角,有背腹须

11. 体前面两节均不具疣足及刚毛

12. 虫体大,颚器由 4～6 对颚片组成 ………………………………… 矶沙蚕科 Eunicidae

疣足为双叶型,鳃束由 4～7 个鳃丝组成 ……………………… 岩虫 *Marphysa sanguinea*

(12)虫体小,上颚由数目很多的小颚片组成……………………… 窦维沙蚕科 Dorvilleidae

(11)仅第一节不具疣足及刚毛 ………………………………… 欧努菲沙蚕科 Onuphididae

管栖、虫体较大,头部触角小,球形触手 5 个 ……………… 巢沙蚕 *Diopatra neapolitana*

(10)头部不具触手 …………………………………………… 索沙蚕科 Lumbricinereidae

11. 仅有简单型钩状刚毛，无掌状分枝鳃，后部体节上疣足叶瓣短而宽 ………………………………………………………………………… 噪索沙蚕 *Lumbrinereis impatiens*

(11)后部体节上的疣足后叶为长指状突起。

12. 中部和后部体节上的疣足后叶很长，向上直伸。简单型钩状刚毛始于ⅪⅤ－L节，虫体长达250 mm ……………………………… 异足索沙蚕 *Lumbrinereis heteropoda*

(12)后部体节上的疣足后叶为长指突起，简单型钩状刚毛始于第一节，虫体小 ………………………………………………………………… 柔弱索沙蚕 *Lumbrinereis debilis*

附表二：黄渤海习见多毛纲管栖亚纲检索

1. 躯干部异律分节(可分为胸区、腹区、有时具尾部)。头部不发达，吻上不具颚齿。疣足不具足刺为缩短的叶瓣，背腹须一般多退化。仅前躯干节具发达的肾管。终生隐居管内或不具栖管而营穴居生活 ……………………………………… 隐居亚纲 Sidentaria

2. 体分区不明显

3. 体凸圆、节少。具丝状肛门鳃，有大而宽的腹盾，其上具粗刚毛 ………………………………………………………………………… 不倒翁虫科 Sternaspididae

外形像玩具不倒翁，口前叶退化成一个疣，盾片被一条斜线分成两个不等的部分，其上有棱脊及沟纹 ……………………………………… 不倒翁虫 *Sternaspis scutata*

(3)体节多，无肛门鳃，无腹盾

4. 触角长为触手状

5. 两个大的触手状触角位于口前叶上

6. 有两个不具沟槽的触角和两束能缩在口漏斗内的短棒状鳃，第一对疣足上的刚毛向前突出形成头笼。体壁厚，上具乳突 ……………………… 扇毛虫科 Flabelligeridae

(6)有两个具沟槽的长触角，触角不能缩入口内，无头笼

7. 体前部的背须为酒瓶状，侧鳃丝状，刚毛多种 ……………… 瓶须虫科 Disomidae

(7)体前部背腹须不呈酒瓶状

8. 触角不具吸盘状突起，疣足叶瓣直立，背鳃须状，具钩状刚毛 … 海稚虫科 Spionidae

体长4～6 mm，具32～38体节，鳃始于第Ⅵ刚节，鳃短，在体背部不相遇 ………………………………………………… 短鳃拟才女虫 *Pseudopolydora paucibranchiata*

(8)触角具吸盘状突起，无鳃，口前叶圆宽，扁平如匙状 ………… 盘突虫科 Magelonidae

(5)一个或多对触角位于前部体节，鳃简单丝状，位于疣足上方，具毛状刚毛和足刺状刚毛，口前叶圆锥形无突起。

6. 具一个很长的触手，无鳃 ………………………………… 单指虫科 Cossusidae

(6)具多对触手，鳃简单丝状 ……………………………… 丝鳃虫科 Cirratulidae

口前叶宽圆，无眼。鳃约从第1刚节开始 ……………… 丝鳃虫 *Cirrutulus tentaculatus*

(4)无触手状触手

5. 具鳃

6. 一根中央触手，疣足具背须，背鳃叶片状，具毛状和钩状刚毛 ………………………………………………………………………… 异毛虫科 Paraonidae

(6)具或无口前叶短触手。疣足叶瓣不明显，具毛状、叉状刚毛，无钩状刚毛 …………………………………………………………………………………… 梯额虫科 Scalibregniidae

(5)无鳃

6. 口前叶钝，无附属物或为一圈分枝叶状瓣，疣足腹叶具很很多排小钩毛 …………………………………………………………………………………… 欧文虫科 Owenidae

钩状刚毛具2平行的齿。管膜质，两端开口较尖细，管外附沙粒 …………………………………………………………………………………… 欧文氏虫 *Owenia fusiformis*

(6)口前叶具一龙骨突起或为一带边的头板，肛板或肛漏头无须。背刚毛毛状，腹枕上具长S形钩状刚毛 …………………………………………………… 缩头虫科 Maldanidae

薛家岛中潮线以下大叶藻区生长着U形黏液泥沙管的节节虫 ………… *Euclymesn* sp.

(2)体分区明显

3. 口前叶前端具成束的鳃，胸区的钩状刚毛位于腹面，腹区的钩状刚毛位于背面。管膜质或石灰质

4. 具壳盖，有胸膜，石灰质管 ………………………………………… 石灰虫科 Serpulidae

青岛常见种：内刺盘管虫 *Hydroides esoensis* 壳盖为漏斗状，壳盖中央冠部具27～30个三角形长突起。

日本螺旋虫 *Spirorbis(Dexiospira)nipponicus* 壳盖圆柱形，壳平面右旋，其上具3条显著的龙骨状棱。

(4)不具壳盖，无胸膜，管膜质或胶质 ……………………………… 缨鳃虫科 Sabellidae

管似牛皮纸，鳃丝两盘65～80对，每条鳃丝上具眼12～25对，胸节一般由8节组成 …………………………………………………………………… 温哥华双旋虫 *Bispira varrcoveri*

(3)口前叶前端无束状鳃

4. 变形(栅状)刚毛形成壳盖，封住壳口。

5. 体前端具一排大的金黄色刚毛，体后区很小，叶片状，基部具小钩毛。体前部具2对片状鳃 …………………………………………………………………… 笔帽虫科 Pectinariidae

栖管似笔帽，由砂粒和黏液组成，质脆。头部圆盘状，中央具二排刺状刚毛，刚毛后有一半圆形的头顶膜，边缘锯齿状 ………………………………… 日本笔帽虫 *Pectinaria japonica*

(5) 体前端由两圈栅状刚毛形成壳盖，鳃位于背面，数目很多，尾区窄而平滑，其上无鳃和刚毛 ……………………………………………………………………… 金毛虫科 Sebalariidae

(4)无壳盖刚毛

5. 口前叶圆锥形或钝，无突起。很多体节上具鳃。

6. 不具钩状刚毛枕。

7. 具锯齿形毛状刚毛和足刺形钩状刚毛，疣足和鳃明显，在腹区直立，位于背部 …………………………………………………………………………………… 锥头虫科 Orbinidae

(7)仅具毛状刚毛，疣足无叶瓣，鳃位于体侧，舌片状。口前叶为尖锥形 …………………………………………………………………………………… 海蛹科 Opheliidae

(6)具钩状刚毛枕。

7. 口前叶钝。体前区无鳃，中区具不能伸缩的树枝状背鳃。常有一个无刚毛和无鳃的尾区 ………………………………………………………………………… 沙蠋科 Arenicolidae

具17刚毛节，肾管6对，开口于Ⅴ－Ⅹ刚毛节上 …… 巴西沙蠋 *Arenicola brasiliensis*

(7)口前叶圆锥形。体前区无鳃，后区具单枝鳃或退化。有时鳃丛生并能缩入侧束，腹区的背枕和腹枕具S形钩状刚毛 ………………………………………… 小头虫科 Capitellidae

胸部由9个刚毛节组成，前7节具细毛状刚毛，后2节只有钩状刚毛(具透明巾) ……

………………………………………………………………………… 小头虫 *Capitella capitata*

(5)口前叶稍明显，一对触手状触角或很多触手状丝条。

6. 口前叶上无或有两个小触手，具两个长带沟槽的触角。有2～3个显著不同的体区。位于体前部短的，具单叶疣足。第Ⅳ刚毛节上有特殊形状刚毛。后部疣足直立，钩状刚毛梳状 ………………………………………………………………………… 燐沙蚕科 Chaetopteridae

7. 栖管于泥沙中，U字形，身体分为三段，前段9节，中段5节 ………………………

………………………………………………………………… 燐沙蚕 *Chactopterus variopedtus*

(7)栖管一段在沙中，不呈U字形，身体分为三段，前段9节，中段3节…………………

……………………………………………………………… 日本毛翼虫 *Mesochaeterus japonicus*

(6)无触手，具一个头罩和很多触手须，腹枕具梳形刚毛

7. 触手须能缩入口内，口前叶明显，3～4对似棒状鳃，位于第一体节 …………………

……………………………………………………………………………… 双栉虫科 Ampharetidae

(7)触手须不能缩入口内，口前叶叶不明显，鳃树枝状或少数似棒状，第一体节具1、2或3对鳃，有时全无………………………………………………………… 蛰龙介科 Terebellidae

实验十五　软体动物分类实验

腹足纲

一、实验目的

(1)掌握腹足纲的分类特征。
(2)了解并初步掌握黄渤海习见腹足纲主要科的特征。

二、材料和器具

(1)实验材料:典型代表为脉红螺 *Rapana venosa*,黄渤海主要习见种的示教标本。
(2)实验器具:解剖镜每人1架,培养皿及解剖工具每人一套。

三、实验内容

1. 红螺的外部特征(壳的特征)
(1)螺旋部:是螺壳螺旋部分的总称(内有动物内脏盘旋),一般有多螺层。
(2)体螺层:是螺壳中最大最下面的一个螺层。
(3)壳顶:壳的顶端。
(4)壳阶(螺层):螺壳每旋转一周即为一个壳阶(分清棘、螺肋、肩部)。
(5)缝合线:上下两螺层相连接处的沟状线。
(6)生长线:与缝合线相垂直的线。
(7)螺旋线:与缝合线相平行的线。
(8)壳轴:螺壳的中轴部分(需将壳打破后方可看见)。
(9)壳口:动物身体外出的口,呈卵圆形。
(10)厣:壳口上盖的一片角质物,是动物体足的背部所分泌的。
(11)内唇:壳口内侧边缘。
(12)外唇:壳口外侧边缘。
(13)前沟:壳口下方之沟状部,略弯曲。生活时,水管由此伸出壳外。
(14)后沟:壳口上方之浅沟,较前沟小而不明显。
(15)假脐:壳口内唇外翻将脐掩盖所留下的孔。

(16)鳞状褶皱:体螺层上近内唇处的片状螺肋。

2. 示教标本

(1)鲍科:皱纹盘鲍 *Haliotis discus hannai*

(2)帽贝科:嫁蝛*Cellana toreuma*

(3)笠贝科:史氏背尖贝 *Notoacmea schrencki*

(4)马蹄螺科:单齿螺 *Monodonta labio*

(5)蝾螺科:朝鲜花冠小月螺 *Lunella coronata koreansis*

(6)滨螺科:短滨螺 *Littorina brevicula*

(7)汇螺科:纵带滩栖螺(纵带锥螺)*Batillaria zonalis*

(8)玉螺科:斑玉螺 *Natica maculosa*

(9)塔螺科:黄棒螺 *Clavus flavidula*

(10)笋螺科:杜氏笋螺 *Terebra dussumieri*

(11)骨螺科:疣荔枝螺 *Purpura clavigera*

(12)织纹螺科:纵肋织纹螺 *Nasaarius variciferus*

(13)牙螺科:多形核螺 *Pyrene variana*

(14)蛾螺科:香螺 *Neptunea cumingi*

3. 实验步骤

(1)参照图 15-1 复习红螺壳的外部特征。

(2)按照检索表提供的分类特征观察示教标本。

四、实验报告

参照附表,将本次实验观察到的标本,编制一检索表。

附表:黄渤海习见腹足纲动物分类检索

1. 有鳃无肺室,多水生,具内脏扭转或反扭转

2. 内脏扭转,神经"8"字形,前外套腔 ………………………… 前鳃亚纲 Prosobranchia

(扭神经亚纲 Streptoneura)

3. 鳃部分或全部游离外套腔 ………………………… 原始腹足目 Archeogastropoda

4. 壳顶或边缘具孔洞或裂缝,壳边缘具一列孔。

螺旋部呈平面螺旋 ……………………………………………………………… 鲍科 Haliotidae

体螺层右面具瘤状或波状突起 ………………………… 皱纹盘鲍 *Haliotis discus hannai*

(4)壳无孔洞或裂缝

5. 壳无螺旋部

6. 无本鳃,具环状外套鳃 ………………………………………… 帽贝科(蝛科)Patellidae

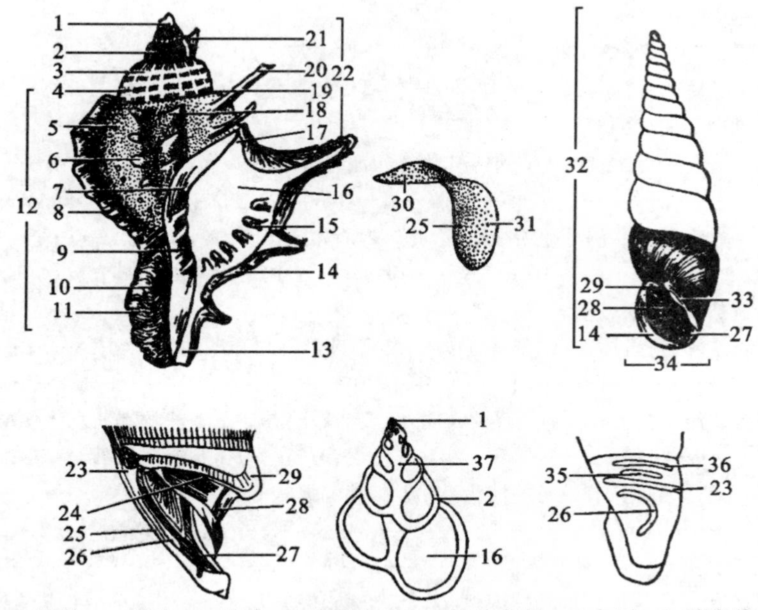

1. 胚壳；2. 螺纹；3. 螺肋；4. 纵肋；5. 颗粒突起；6. 结节突起；7. 内唇；8. 纵胀脉；9. 褶襞；10. 脐；11. 绷带；12. 体螺层；13. 前沟；14. 外唇；15. 外唇齿；16. 壳口；17. 后沟；18. 角状突起 19. 缝合线；20. 棘状突起；21. 翼肋；22. 螺旋部；23. 主襞 24. 螺旋板；25. 闭瓣；26. 月状瓣；27. 下轴板；28. 下板；29. 上板；30. 柄部；31. 瓣部；32. 壳高；33. 上缘；34. 壳宽；35. 平行板；36. 缝合襞；37. 螺轴

图 15-1 腹足纲贝壳模式图(从张玺等)

壳顶位于壳之最高点，往前方倾斜 ……………………………… 嫁䗩*Cellana toreuma*

(6)有本鳃，环形外套鳃有或无 ……………………………… 笠贝科(青螺科)Acmaeidae

壳顶尖端向后下方弯曲，略低于壳高 ………………… 史氏贝尖贝 *Notoacmea schrencki*

(5)壳具螺旋部

6. 厣角质，壳珍珠层厚 ……………………………………………… 马蹄螺科 Trochidae

7. 外唇内方加厚，内唇基部具一白色齿 …………………… 单齿螺 *Monodonta labio*

(7)外唇内方不加厚

8. 脐孔大而深……………………………………………… 锈凹螺 *Chlorostoma rusticum*

(8)无脐孔，壳面平滑具紫棕色花纹………………… 托氏虫昌螺 *Clmbonium fnomasi*

(6)厣石灰质，外凸半球形……………………………………………… 蝾螺科 Turbinidae

壳面具许多颗粒细螺肋，体螺层有一向外扩展的螺肋 ………………………………………

……………………………………………… 朝鲜花冠小月螺 *Lunella coronata koreansis*

(3)鳃整个贴于外套腔内壁

4. 栉状嗅杆器，无食道腺……………………………………… 中腹足目 mesogastropoda

5. 螺旋部直立螺旋

6. 壳圆或陀螺形,壳口卵圆,内唇较厚,厣角质,核不在中央 ········ 滨螺科 Littorinidae

7. 体螺层具明显的肩部,约具 10 条粗细不等的环肋 ········ 短滨螺 *Littorina brevcula*

(7)体螺层无明显的肩部

8. 体螺层上具明显的粒状突起,壳口内石褐色有光泽 ·· 粒屋顶螺 *Tectarius granularis*

(8)壳面杂有放射状的棕色带或斑纹,壳口内面亦有相同的色彩和肋纹 ·· 中间拟滨螺 *Littorinopsis intermedia*

(6)壳高锥状,螺层较多。

7. 壳质结实,壳面具雕刻。内唇向外扩张,厣圆形有同心环状生长纹 ·· 汇螺科 Potamididae

8. 缝合线浅沟状内具细而明显的螺肋,螺旋部每层具三条串珠状螺肋。体螺层左侧具一纵肿脉 ·· 珠带拟蟹守螺 *Erithidea ciguluta*

(8)每一螺层表面具有较粗的波状纵肋及细小的螺肋 ·· 纵带滩栖螺 *Batillaria zonalis*

(7)壳质薄脆,壳面具片状纵肋 ·· 梯螺科 Scalidae

(5)螺旋部平面螺旋或外凸螺旋,壳面光滑,壳口完整,具厣 ············ 玉螺科 Naticidae

6. 厣石灰质

7. 壳面具紫褐色斑点 ······································ 斑玉螺 *Natica maculosa*

(7)壳面灰紫色无斑点 ································ 紫口玉螺 *Natica janthostoma*

(6)厣角质

7. 螺旋部高度与体螺层相等,壳面黄褐色或灰黄色 ········ 福氏玉螺 *Natica fortanei*

(7)螺旋部高度与体螺层不相等

8. 螺旋部高度约为体螺层之 1/2 ······························ 高乳玉螺 *Polynices ampea*

(8)螺旋部极小,为平面螺旋 ······························ 扁乳玉螺 *Polynices didyma*

(4)楯状嗅杆器,具不成对的食道腺 ······························ 新腹足目 Neogastropoda ·· (狭舌目 Stenoglossa)

5. 齿式为 1·0·1,螺旋部极高为直线螺旋

6. 壳呈纺锤形,前沟较长 ·· 塔螺科 Turridae

螺旋部发达,壳呈纺锤形。壳面具明显的白色旋线和纵肋 ·· 黄棒螺 *Clavus flavidalus*

(6)螺旋部极高,直线螺旋,壳口小 ································ 笋螺科 Terbridae

贝壳尖锥状,螺层 12 级,壳口具低而平滑的纵肋 ········ 杜氏笋螺 *Terebra dussumieri*

(5)无上述特征

6. 壳面具各种疣状结节或棘状突起,中央齿为山字形 ················ 骨螺科 Muricidae

7. 壳面具疣突,体螺层 5 条螺肋,壳面灰色 ···················· 疣荔枝螺 *Thais chavigera*

(7)壳面具棘

8. 体螺层具纵走的尖角状突起 ……………………… 刍秣螺 *Ocenebra bulcata adunca*
(8)体螺层无纵走尖角状突起,螺层肩部明显结节呈三角形,壳口内面杏红色 …………
……………………………………………………………………… 红螺 *Rapana thomasiana*
(6)侧唇常有缺刻,壳面多具壳皮或织纹
7. 外唇内侧具齿刻
8. 足宽,后端常分叉为二个尾状物,壳具织纹 ……………………… 织纹螺科 Nassariidae
9. 壳面具纵肋,并有加厚隆起的纵脊 ……………… 纵肋织纹螺 *Nassarius variciferus*
(9)仅前三螺层有明显的细纵肋,具相间的红带 …… 红带织纹螺 *Nassarius succinctus*
(8)无上述特征,形似犬齿 ……………………………………………… 牙螺科 Columbellidae
壳口长卵形,前沟短,多彩多变 ……………………………… 多形核螺 *Pyrene variana*
(7)外唇内侧无齿,表面具壳皮 ………………………………………………… 蛾螺科 Buccinidae
8. 壳边缘轮廓似菱形,两端尖,体螺层肩部具结节突起和棘 … 香螺 *Neptunea cumngi*
(8)壳具细环肋和纵的占整个螺层的疣突 ………………… 甲虫螺 *Cantharus ceallei*
(2)内脏反扭转,神经不呈"8"字形。外套腔消失或开放,具鳃者,鳃位于心室后方 ……
…………………………………………………………………… 后鳃亚纲 Opistnobranchia
…………………………………………………………………… (直神经亚纲 Euthyneurw)
3. 具侧足,多反折于背部,具头楯,外套腔发达 ………………… 头楯目 Cephalaspidae
4. 壳外露,齿舌具中央齿 …………………………………………………… 阿地螺科 Atyidae
壳卵圆形,薄脆,具许多细微的环纹和纵纹,栖于浅湾泥滩 …… 泥螺 *Bullacia erarata*
(4)壳不外露,齿舌无中央齿 ………………………………………………… 壳蛞蝓科 Philinidae
体白色,壳面白或黄白色,壳口大,栖于潮间带泥沙或沙质海底 ………………………
……………………………………………………………… 经氏壳蛞蝓 *Philine kingbipini*
(3)无侧足,无齿舌囊,具鳃
4. 背部具被覆物或壳,触角二对,鳃位于体右侧 ……………………… 背楯目 Notaspidae
壳有或无,前触角形成一个头幕 ……………………… 侧鳃海牛科 Pleurobranchidae
外套膜短,无壳,足大超出外套膜。体背面褐黄色,有紫色网纹,腹面紫褐色,鳃灰黄 …
…………………………………………… 蓝侧鳃海牛 *Pleurobranchia noveezeolandiae*
(4)具裸鳃(二次性鳃)
肝脏分枝 ……………………………………………………………… 蓑衣海牛目 Acochlidiacea
(无壳目)
背面具成列的棍状皮肤突起(露鳃) ……………………………… 蓑衣海牛科 Acolidiidae
体色白,细长形,鳃卵圆形,桔黄色具白尖,触角长纤细 ……… 蓑衣海牛 *Eolis gracilis*
(1)鳃缺具肺室 ……………………………………………………………… 肺螺亚纲 Pulmonata
具1对触角,眼位于触角基部 ……………………………………………… 基眼目 Basommatophra
外具似笠贝的贝壳,头偏平 ………………………………………… 菊花螺科 Siphonariidae
壳顶近中央,放射肋自壳顶放出,壳面黄褐色,内面黑褐色,二次性鳃位于外套腔内面
………………………………………………………… 日本菊花螺 *Siphonaria japonica*

瓣鳃纲

一、实验目的

(1)熟练掌握瓣鳃纲的主要分类特征。

(2)了解并初步掌握黄渤海习见瓣鳃纲主要科的特征。

二、材料和器具

(1)实验材料:文蛤 *Meretrix meretrix* 及黄渤海主要习见种的示教标本。

(2)实验器具,解剖镜每人1架,培养皿及解剖工具每人1套。

三、实验内容

1. 文蛤的外部特征(壳的特征)

(1)壳顶:贝壳背面的突出部分。

(2)前端:壳顶所偏向的一端。

(3)后端:与前端相对之一端。

(4)左壳和右壳:使壳顶向上,前端向前,后端向后,位于观察者左边的壳为左壳,右边的为右壳。

(5)韧带,位于壳顶后方,连接两壳的富有弹性的角质。

(6)绞合部:贝壳内缘内方比壳的其他部分厚,通常有突出之齿和凹进之齿槽,当两壳闭合时,一壳之齿与另一壳之齿槽嵌合在一起,构成绞合部。

(7)主齿和侧齿:正对壳顶的齿为主齿,余者为侧齿。

(8)外套线:位于贝壳下缘,与贝壳边缘平行的痕迹。

(9)外套窦(外套湾):外套线后端的一个弧形痕迹。

2. 示教标本

(1)蚶科:布氏蚶 *Arca boucardi*

(2)扇贝科:栉孔扇贝 *Chlamys farreri*,海湾扇贝 *Argopectens irradias*

(3)江珧科:栉江珧 *Pinna pectinata*

(4)贻贝科:紫贻贝 *Mytilus edulis*,偏顶贻 *Modiolus modiolus*

(5)不等蛤科:李氏金蛤 *Anomia lischkei*

(6)牡蛎科:密鳞牡蛎 *Ostrea denselamellosa*,近江牡蛎 *Ostrea rivularis*

(7)棱蛤科:日本棱蛤 *Trapezium japonicum*

(8)鸟蛤科:加州扁鸟蛤 *Clinocardium californiense*

(9)帘蛤科：凸镜蛤 *Phacosoma gibba*，江户布目蛤 *Protothaca jedoensis*，青蛤 *Cyclina sinensis*，等边浅蛤 *Gomphina veneriformis*，蛤仔 *Ruditapes philippinarum*

(10)斧蛤科：九州斧蛤 *Tentidonax kiusiuensis*

(11)紫云蛤科：橄榄紫蛤 *Nuttallia olivacea*

(12)樱蛤科：彩虹明樱蛤 *Moerella iridescens*

(13)蛤蜊科：四角蛤蜊 *Mactra veneriformls*

(14)海螂科：砂海螂 *Mya arenaria oonogai*

(15)竹蛏科：大竹蛏 *Solen grandis*

(16)鸭嘴蛤科：渤海鸭嘴蛤 *Laternula pechiliensis*

3. 实验步骤

(1)参照图 15-2 复习文蛤壳的内外形态。

(2)按照检索表提供的分类特征观察标本。

四、实验报告

参照附表，将本次实验观察到的标本，编制一检索表。

附表：黄渤海习见瓣鳃纲动物分类检索

1. 鳃不弯折 ………………………………………………… 原鳃亚纲 Protobranchia

壳顶至前端的距离比距后端的距离长，绞合部多齿，足具沟 ……… 湾锦蛤科 Nuculidae

自壳顶斜向后端有一凸出的龙骨突起 …………………… 奇异湾锦蛤 *Nucala minabilis*

(1)鳃弯折 ………………………………………………… 瓣鳃亚纲 Lamellibranchia

2. 铰合齿排成一列 ………………………………………………… 列齿目 Taxodonta

铰合部具一长列铰合齿，壳被壳皮，前后闭壳肌远离，大小几乎相等，外套痕简单 ……
………………………………………………………………………… 蚶科 Arcidae

3. 韧带面宽，腹面具足丝孔 ………………………… 布氏蚶 *Arca(Navicula) boucardi*

(3)韧带面窄或极窄，腹面无足丝孔

4. 有足丝，韧带面极窄

5. 壳长方形，壳面放射肋粗，26～28 条 …… 平行蚶 *Arca(Barbatia) parallelogramma*

(5)壳短，壳面放射肋细，数多

6. 壳顶靠近前方，铰合部小齿成一直行排列 ………… 橄榄蚶 *Arca(Barbatia) olivocea*

(6)壳顶约在中部，铰合部小齿成弓形排列 …………… 褐蚶 *Arca(Anadara) tenebrica*

(4)无足丝，韧带面较宽

5. 壳面放射肋平，不是由粒状突起构成

6. 壳面放射肋 30～34 条 ……………………………… 毛蚶 *Acra(Anadara) subcrenata*

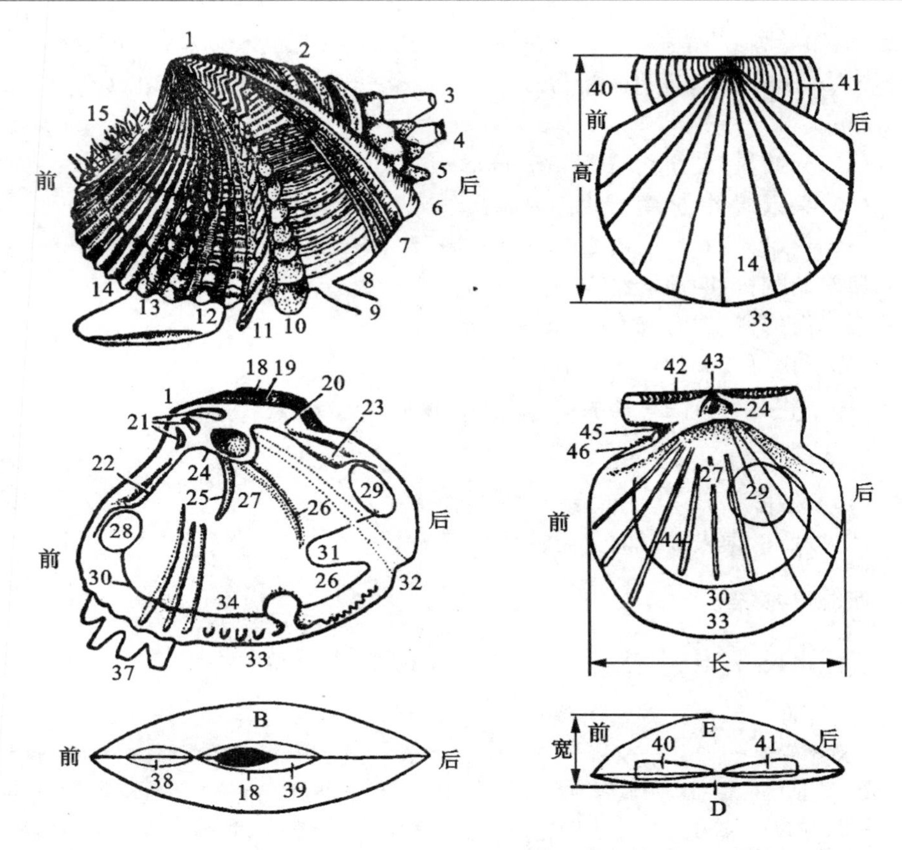

1. 壳顶；2. 背缘；3. 出水管；4. 入水管；5. 鳞状片，板状等突起；6. 后斜肋；7. 格子状雕刻；8. 电光状雕刻；9. 足丝；10. 瓣状突起；11. 刺状突起；12. 鳞片状放射肋；13. 粒状放射肋；14. 放射肋；15. 刚毛；16. 足；17. 跖；18. 外韧带；19. 内韧带；20. 齿丘；21. 主齿；22. 前侧齿；23. 后侧齿；24. 韧带窝；25. 棒状突起；26. 内隆起；27. 窝心部；28. 前闭壳肌痕；29. 后闭壳肌痕；30. 外套痕；31. 外套窦；32. 嘴沟；33. 腹缘；34. 锯齿状襞；35. 关节突起；36. 西齿；37. 壳皮；38. 小月面；39. 盾面；40. 前耳；41. 后耳；42. 铰合部；43. 内韧带；44. 内肋；45. 足丝开口；46. 贝齿栉齿

图 15-2 瓣鳃纲贝壳模式(从泷庸)

(6)壳面放射肋 42～48 条 ………………………………… 魁蚶 *Arca*(*Anadara*) *inflara*

(5)壳面放射肋由连续的突起构成 ……………………… 泥蚶 *Arca*(*Anadara*) *granosa*

(2)无上述特征

3. 前闭壳肌痕退化或消失，仅具一大的后闭壳肌痕 ……………… 异柱目 Anisomyaria

4. 壳呈扇形，外套膜缘具外套触手和外套眼 ……………………… 扇贝科 Pectinidae

5. 壳前端具足丝孔

6. 壳具放射肋
7. 左壳表面的主要放射肋约十条，具棘 …………………… 栉孔扇贝 *Chlamys farreri*
(7)左壳表面的放射肋约 20 条，平滑不具棘 …………… 太阳栉孔扇贝 *Chlamys solaris*
(6)壳面不具放射肋 ………………………………… 德氏栉孔扇贝 *Chlamys teilhadi*
(5)壳前端不具足丝孔 ………………………………… 嵌条扇贝 *Pecten lagveatus*
(4)无上述特征
5. 两壳相等
6. 壳呈三角形，背缘平直，壳质二层无角质层 ……………………… 江珧科 Pinnidae
壳面无中央纵裂，具棘，背缘与后缘呈 90°的交角 …… 栉江珧 *Pinna(Atrina) pectinata*
(6)壳呈楔形，壳质二层，壳皮发达……………………………………… 贻贝科 Mytilidae
7. 壳顶尖，位于壳之最前端
8. 壳厚，长度超过高度的 2 倍
9. 壳腹面平，长度与宽度的比为 1∶2.5 …………………… 重贻贝 *Mytilus grayanus*
(9)壳腹面凸，长度与宽度的比为 1∶3 …………………… 厚壳贻贝 *Mytilus crassitesta*
(8)壳薄，长度不及高度的 2 倍 …………………………………… 紫贻贝 *Mytilus edulis*
(7)壳顶凸，不位于壳的最前端
8. 成体超过 30 mm，壳大
9. 铰合部短，其长度约为全壳长的 1/2～2/3
(10)壳表面光滑或具有粗扁的刚毛，壳后端圆而大 ………… 偏顶蛤 *Volsella modiolus*
(10)壳表面具极细长的毛，壳后端尖小 ………………… 麦氏偏顶蛤 *Volsella metcalfei*
(9)铰合部长，其长度约为全壳长的 5/6 直线 ……………… 偏顶蛤 *Volsella subrugosa*
(8)成体不超过 30 mm，壳小
9. 壳黑色，壳面不具彩色花纹，铰合部无小齿 ……… 黑偏顶蛤(黑乔麦)*Adula atrata*
(9)壳绿褐色，壳面具彩色花纹，铰合部具小齿 ……………………………………………
……………………………………………………… 寻氏肌蛤(水彩短齿蛤)*Maslulos senhousci*
(5)两壳不等，右平左凸
6. 右壳顶端具孔穴，铰合齿"八"字形 …………………………… 不等蛤科 Anorniidae
贝壳金黄色 ……………………………………………………… 李氏金蛤 *Anomio lischkei*
(6)无上述特征，铰合部无齿，无足丝…………………………………… 牡蛎科 Ostreidae
7. 贝壳近似圆形，韧带槽较短
8. 壳面鳞片细密，呈舌状突，有微弱的放射肋 ……… 密鳞牡蛎 *Dstrea denselame llosa*
(8)壳面鳞片粗大而稀，不呈舌状突，铰合部两侧无小齿 …… 近江牡蛎 *Ostrea rivularis*
(7)贝壳较长，韧带槽延长
8. 壳背腹缘近平行，韧带槽长为宽的 2 倍 ………………………… 长牡蛎 *Ostrea gigas*
(8)壳背腹缘不平行
9. 壳大呈三角形，鳞片大起伏呈波浪形 ………… 大连湾牡蛎 *Ostrea taliewhanensis*
(9)壳小，右壳表面延伸成棘状

10. 左壳的放射肋突土壳缘，具猫爪状。前凹陷浅 ………… 猫爪牡蛎 *Ostrea pestigris*
(10)左壳的放身肋不突出壳缘，前凹陷深 ……………………… 褶牡蛎 *Ostrea plicatila*
(3)具明显的前后闭壳肌痕
4. 铰合部发达
5. 铰合齿分裂或退化(蚌) ……………………………………… 裂齿目 Schizodonta
(5)铰合齿主齿强壮，常有侧齿 ………………………………… 异齿目 Heterodonta
6. 外套窦不明显或缺。铰合部主齿二枚，侧齿一枚(或前或后) …… 棱蛤科 Libitinidae
壳近长方形，壳顶位于前方，生长纹粗糙 …………………… 日本棱蛤 *Libitina japonica*
(6)外套窦明显
7. 具外韧带或内韧带，但不在槽中
8. 外韧带呈线状，外套膜愈合留三孔，有育儿囊 ………………… 肌蛤科 Gaimardiidae
青岛发现一种，附于大蝼蛄虾腹部的恋蛤 *Peregrinamor* sp.
(8)外韧带不呈线状
9. 壳面有强放射肋，壳缘有锯齿。足柱状，一般无水管，闭壳肌 2 个 …………………
……………………………………………………………………… 鸟蛤科 Cardiidae
10. 肋间沟内有横隔，但无粒状突起或小刺。壳表后半部刻纹细弱呈格子状 …………
…………………………………………………… 细刻饰线蛤 *Nemocardium samarmgae*
(10)肋间沟内无横隔，肋上无石灰质的附属物
11. 肋低平，有一列绒毛。壳薄脆，整个壳都有放射肋，两壳，壳圆形较膨胀，壳长与壳高之比为 10∶7 ……………………………………………… 滑顶薄壳鸟蛤 *Fulvia mutica*
(11)肋强壮，无绒毛。两壳侧偏坚厚，壳表暗褐色，具 38 条放射肋 ……………………
…………………………………………………… 加州扁鸟蛤 *Chinocardium californiense*
(9)壳面放射肋细弱或无(仅布目蛤属放射肋较强)，足侧扁，有水管
10. 主齿三枚，水管部分愈合或分离，不等长。外套窦钝或呈三角形 …………………
……………………………………………………………………… 帘蛤科 Veneridae
11. 具前侧齿 …………………………………………………… 文蛤亚科 Meretricinae
12. 韧带下沉，楯面发达，小月面深，壳表面同心轮脉明显。右壳后主齿有裂缝 ………
……………………………………………………………………… 镜蛤属 Dosinia
13. 壳顶极突出，小月面大而浅，壳面光滑 ………… 凸镜蛤 *Dosinia(Phacosoma) gibba*
(13)壳顶突出不大，小月面小而深
14. 贝壳很扁，外套窦深，先端略圆，水平伸向中央 ………………………………………
………………………………………………… 薄片镜蛤 *Dosimia(Lamellidosina) laminata*
15. 壳略圆，前后侧相等 ……………………… 饼干镜蛤 *Dosinia(Phaccsoma) biscdcta*
(15)贝壳前后侧不等，同心生长纹宽 ………… 日本镜蛤 *Dosinia(Phaccsoma) japonica*
(12)韧带突出壳面很高。小月面和面都不清楚 ……………………… 文蛤属 *Meretrix*
壳面平滑，具 nv 状花纹 …………………………………………… 文蛤 *Meretrix meretrix*
(11)前侧齿退化或消失 ……………………………………………… 帘蛤亚科 Venerinae

12. 具强放射肋与同心生长纹交叉成布目状 …………………… 布目蛤属 Protothaca

壳缘厚,放射肋强大,小月面呈心脏形 ……………… 江户布目蛤 *Protothaca jedoensis*

(12)不具上述特征

13. 小月面和楯面都不清楚,外套窦深上升 …………………………… 青蛤属 *Lyclina*

壳圆形,壳高大于壳长,壳顶突出弯向前方 ……………………… 青蛤 *Lyclina sinensis*

(13)小月面清楚窄长,外套窦钝

14. 具壳皮,放射线不明显,壳之中齿分裂为二 ……………………… 浅蛤属 *Gomphina*

壳呈等边三角形,壳面具锯齿或斑点状花纹,通常具 3、4 条放射状色带 ………………

……………………………………… 等边浅蛤 *Gomphina*(*Macridiscus*) *veneriformis*

(14)不具壳皮,放射线细弱,右壳中、后主齿和左壳前、中主齿分裂为二 ………………

………………………………………………………………………… 蛤仔属 *Venerupis*

壳面花纹变化极大 ……………………… 蛤仔 *Venerupis*(*Amygdola*) *philippinarum*

(10)主齿两枚,水管发达全部分离。外套窦深,多具十字肌痕。

11. 只具外韧带

12. 壳不开口,壳顶位于后方 ………………………………………… 斧蛤科 Donacidae

壳白色光滑有光泽,一般有 2 条起自壳顶的不太宽的浅棕色色带 ……………………

……………………………………………………………… 九洲斧蛤 *Donax kiusiuensis*

(12)壳稍有开口,壳顶位于前方

13. 壳前、后稍开口,外韧带突出明显,无侧齿 ………………… 紫云蛤科 Psammobiidae

14. 壳长椭圆形,壳面平滑,橄榄色或棕色。两壳不等,左壳较右壳凸,壳内面紫色或白色带有紫底色 ……………………… 橄榄血蛤(紫血蛤)*Sanguinolaria*(*Nattalia*) *olivacea*

(14)壳长圆形,前后端均张口,壳前像圆形,后端截形,上下缘几乎平行,壳面具纵放射肋 ……………………………………………………… 总角截蛏 *Solecurtus divaricatus*

(13)壳后端常有开口,其后部稍向右弯曲,外韧带明显,侧齿有变化,足有足丝沟 ……

………………………………………………………………………… 樱蛤科 Tellinidae

14. 无侧齿

15. 壳面有粗糙生长纹,壳后部放射褶不明显,外套窦长,但达不到前闭壳肌痕 ………

……………………………………………………………………………… *Gastrama* 属

(15)壳面有细生长纹,壳后放射褶明显。外套窦大 ………………… 白樱蛤属 *Macoma*

(14)右侧有前侧齿,壳面平滑

15. 壳后端延长呈截形 ……………………………………………… 角蛤属 *Argulas*

(15)无上述特征

16. 壳后部稍开口,外套窦达或几乎达前闭壳肌痕 ………………… 明樱蛤属 *Moerella*

(16)壳前后稍开口,外套窦大但无上述特征 …………………… 亮樱蛤属 *Natidolellina*

(7)韧带分内外两部,但内韧带在壳顶韧带槽中,左壳主齿呈"八"字形位于韧带槽前方,主、侧齿多为片状 ……………………………………………………… 蛤蜊科 Mactridae

8. 壳高度与长度约相等 ……………………… 四角蛤蜊 *Mactra quadrangularis*

(8)壳度度约为长度的 3/4 或 4/5

9. 壳小而厚,背缘半圆形……………………………… 凹线蛤蜊 *Mactra sulcataria*

(9)壳大而薄,背缘三角形 ……………………………… 西施舌 *Mactra spectabilis*

(4)铰合部不发达

5. 无游离的石灰质齿片。主齿或有或无,常无侧齿 ……………… 贫齿目 Adapedouta

6. 韧带藏于壳顶内方匙状槽内。壳有时具开口

7. 壳具一明显的主齿。水管短 ……………………………… 篮蛤科 Aloididae

壳齿或有或无,水管外被粗糙的皱皮 ……………………………… 海螂科 Myidae

壳长卵圆形,前后均开口,生长纹粗糙。外被褐色之外皮 ……………………………………………………………… 砂海螂 *Mya arenaria japonica*

(6) 无上述匙状槽,壳前后均开口

7. 有外韧带,有主齿 ……………………………… 竹蛏科 Solenidae

8. 壳顶位于壳的前方 ……………………………… 竹蛏属 *Solen*

9. 壳长与壳高之比小于 5 倍

10. 壳长为壳高的 4～5 倍,壳具黄褐色或浅红色色带,有时整个贝壳呈粉红色。水管表面具黑白相间排列的环纹 ……………………………… 大竹蛏 *Solen grandis*

(10)壳长为壳高的 2.8～3.5 倍,贝壳浅黄色,前端边缘有隘痕 ……………………………………………………………… 短竹蛏 *Solen kerianus*

(9)壳长与壳高之比大于 5 倍。

10. 壳背缘直,壳长为壳高的 6～7 倍

11. 腹缘直或中部微凹,生长纹成弧形 ……………………………… 长竹蛏 *Solen gouldii*

(11)腹缘直,生长纹直与背腹缘近于直角相交……………………… 细长竹蛏 *Solen gracilis*

(10)贝壳背腹缘上弯,壳长为壳高的 6～7 倍,壳淡黄色 ……… 弯竹蛏 *Solen arcuatus*

(8)壳顶位于壳中央或靠前方

9. 壳主齿下方具一至腹缘的强大的肋……………………………… 荚蛏属 *Siliqua*

10. 壳淡黄色,前端显著大于后端

(10)壳细长,浅棕色,薄、半透明 ……………………………… 薄荚蛏 *Siliqua pulchella*

(9)无上述特征

10. 自壳顶至腹缘一有条微凹的斜沟,背腹缘平 ………………… 缢蛏属 *Sinonovacula*

壳顶位于壳前端 1/3 处,壳面生长线明显。壳被黄绿色外皮 ……………………………………………………………… 缢蛏 *Sinonovacula constricta*

(10)无上述特征,前后端钝圆似刀 ……………………………… 刀蛏属 *Cultellus*

壳面淡黄色,不具斑点。壳前端大于后端 ………………… 小刀蛏 *Cultellus attenuatus*

(7)无韧带和绞合齿。外套膜几乎完全愈合,具壳内柱

8. 壳能包被身体,但有开口,壳背缘反折于壳顶上。壳的背、腹缘及后端有付壳 ……………………………………………………………… 海笋科 Pholadidae

(8)壳极小,仅包被身体的最前端,水管具石灰质的保护装置铠…… 船蛆科 Teredinidae

铠呈浆状外凸内平，铠柄比铠片短，铠片长方形，前端凹下。贝壳小，长高略相等 ……
…………………………………………………………………………… 船蛆 *Teredo navalis*

(5)具游离的石灰质齿片。韧带常位于壳顶内方的匙状槽中 …………………………………
……………………………………………………………………………… 异韧带目 Anomalodesmata

壳后方常开口，壳顶有裂缝。两壳不等时，右壳比左壳大 ……… 鸭嘴蛤科 Laternulidae

壳白色，匙状槽基部有一斜条状的薄隔片。游离的石灰质片呈"V"字形，水管具外皮
…………………………………………………… 渤海鸭嘴蛤 *Laterpulo pechitiensis*

实验十六　经济虾类形态识别

对虾亚科

一、实验目的

(1)掌握对虾形态分类特征(头胸甲、鳃和附肢)。
(2)利用检索表识别主要的属和种。

二、材料和器具

(1)实验材料:中国对虾、我国海域(主要是东海和南海)对虾亚科主要习见种的示教标本。

(2)实验器具:解剖镜每人1架,培养皿和解剖工具每人一套。

三、实验内容

1. 对虾亚科的分类位置
节肢动物门 Arthropoda
甲壳纲 Crustacea
十足目 Decapoda
游泳亚目 Nafantia
对虾族 Penaeidea
对虾科 Penaeidae
对虾亚科 Penaeinae

2. 主要特征(参看图16-1)

(1)头胸甲:①区:额区、眼区、触角区、胃区、肝区、心区、鳃区。②刺:胃上刺、眼上刺、眼后刺、触角刺、鳃甲刺、颊刺、肝刺。③脊:额角后脊、额角侧脊、额胃脊、眼胃脊、触角脊、颈脊、肝脊、心鳃脊。④沟:中央沟、额角侧沟、额胃沟、眼后沟、眼眶触角沟、颈沟、肝沟、心鳃沟。

(2)附肢:①头部:第一触角、第二触角、大颚、第一小颚、第二小颚。②胸部:颚足 3 对(MXP1,MXP2,MXP3)、步足 5 对(P1,P2,P3,P4,P5)。③腹部:6 对(PL1,PL2,PL3,PL4,PL5,尾肢)。

(3)鳃:分四类。①侧鳃:着生于附肢基部上方身体侧壁上。②关节鳃:着生于附肢底节与体壁间之关节膜上。③足鳃:着生于附肢底节外面。④肢鳃(鞭鳃):着生于附肢底节外面,又称上肢。

3. 实验步骤

(1)以东方对虾为代表动物,对照图 16-1,熟悉各主要特征。

(2)利用检索表观察示教标本。

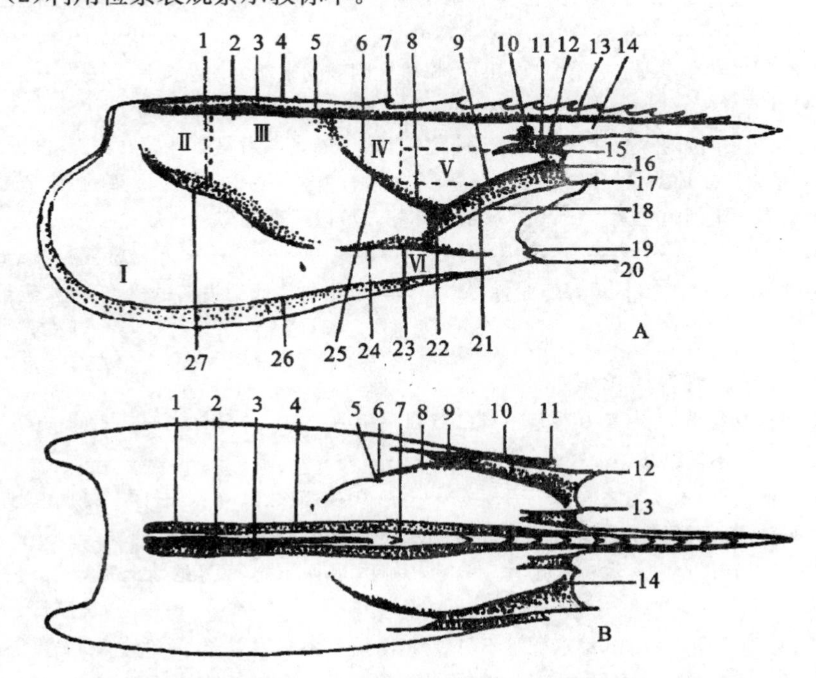

Ⅰ.鳃区;Ⅱ.心区;Ⅲ.肝区;Ⅳ.胃区;Ⅴ.眼区;Ⅵ.颊区

1. 心鳃沟;2. 额角侧脊;3. 额角后脊;4. 中央沟;5. 额角侧沟;6. 颈脊;7. 胃上刺;8. 颈沟;9. 眼胃脊;10. 眼后沟;11. 额胃脊;12. 额胃沟;13. 额角侧沟;14. 额角;15. 眼眶刺;16. 眼后刺;17. 触角刺;18. 触角脊;19. 鳃甲刺;20. 颊刺;21. 眼眶触角沟;22. 肝刺;23. 肝沟;24. 肝脊;25. 肝上刺;26. 亚缘脊;27. 心腮脊

1. 额角侧脊;2. 额角后脊;3. 中央沟;4. 额角侧沟;5. 肝上刺;6. 颈沟;7. 胃上刺;8. 颈脊;9. 肝刺;10. 眼眶触角沟;11. 颊刺;12. 触角刺;13. 眼眶刺;14. 眼后刺

A. 头胸甲侧面观;B. 头胸甲背面观

图 16-1　虾类头胸甲(从刘瑞玉)

四、实验报告

编制所观察到的对虾属的检索表。

附表：我国主要经济虾类——对虾科分类检索

1. 对虾科各亚科检索

A1 侧鳃数为7,足鳃数多于1,第一触角上鞭特短,接于第三柄节背面的基部附近(深海性种类)……………………………………………………………… 长角虾亚科 Aristaeinae

A2 侧鳃数为2～6,足鳃数通常为1,第一触角上鞭上度与下鞭大约相等,接于柄之末端 ……………………………………………………………………………………… B

B1 颈沟伸至背脊或接近背脊,具眼后刺,雄性附肢的末端为两个鳞片 ……………………………………………………………………………… 管鞭虾亚科 Solenocermae

C1 第1触角柄内缘有片状附肢,胸部肢体自第一颚足以后具有外肢,腹肢具内外两肢,胸部第3节以后之体节具侧鳃 ……………………………………… 对虾亚科 Penaeinae

C2 第1触角柄内缘无片状附肢,胸部肢体第3节以后无侧鳃 ……………………………………………………………………………… 单肢虾亚科 Sicyoninae

(另外,还有一个亚科:角棘虾亚科 Ceratospinae,主要特征是头胸甲覆盖步足,步足的外肢非常发达,很少见)。

2. 对虾亚科各属检索

A1 雄性交接器对称,第3颚足不具基节刺 ……………………………………… B

B1 头胸甲不具纵缝 ……………………………………………………………… C

C1 眼柄特长,角膜与之等宽 ……………………………… 长眼对虾属 Mlyadiella

C2 眼正常,角膜等于眼柄 ……………………………………………………… D

D1 末胸节具一侧鳃,第三颚足具一肢鳃,头胸甲具眼胃脊,额角腹缘有锯齿 ……………………………………………………………………………… 对虾属 *Penaeus*

D2 胸部末节不具侧鳃,第三颚足不具肢鳃,头胸甲不具眼胃脊、额角腹缘无锯齿 …… E

E1 具鳃甲刺,第一颚足内肢不分节,雄性交接器具一大的、刺状的末端侧突起 ……………………………………………………………………………… 似对虾属 *Penaeopsis*

E2 无鳃甲刺,第一小颚内肢2节,雄性交接器具有1对大的管状的端侧突起 ……… F

F1 第七胸节具1侧鳃,第五对步足不具外肢 ……………… 新对虾属 *Meta penaeus*

F2 第七胸节无侧鳃,第五对步足具外肢 ………………………………………… G

G1 尾节侧缘具有活动刺和不动刺,第二、第三步足具基节刺和座节刺 ……………………………………………………………… 拟糙对虾属 *Trachy penaeopsis*

G2 尾节不具侧缘刺,第二步足具有基节刺和座节刺,第三步节具基节刺 ……………………………………………………………………… 异对虾属 *Atypo penaeus*

B2 头胸甲具有纵缝 …………………………………………………………… H

H1 第一步足不具座节刺，头胸甲的纵缝约伸至中部附近 ……………………………………………………………………………………………………… 仿对虾属 *Parapenaeopsis*

H2 第一步足具 1 座节刺，头胸甲的纵缝伸至肝刺上方或接近头胸甲后缘 …………… I

I1 头胸甲纵缝伸至肝刺上方，尾节侧缝不具固定（不动）刺。第二步足具基节刺。第六胸节具 1 肢鳃，第七胸节不具侧鳃，步足外肢非为雏形 …………… 鹰爪虾属 *Trachypenaeus*

I2 纵缝几乎伸至头胸甲后缘，尾节侧缘具一固定刺，第二步足不具基节刺。第六胸节不具肢鳃，第七胸节具一侧鳃，步足外肢皆为雏形 …………………… 拟对虾属 *Parapenaeus*

A2 雄性交接器不对称 ……………………………………………………………………… J

J1 第三颚足具 1 基节刺。尾节侧缘除活动之外，尚有 1 对不动刺 ……………………………………………………………………………………………………… 赤虾属 *Metapenaeopsis*

J2 第三颚足不具基节刺。尾节侧缘不具活动刺和不动刺。……… 软颚虾属 *Funchalia*

3. 对虾属常见种检索

A1 颚角侧沟很深，几乎伸至头胸甲后缘，有明显的肝脊和额胃脊。额角后脊有明显的中央沟 ……………………………………………………………………………………… B

B1 第一触角柄刺伸不到柄第一节末端。颚角后脊的中央沟稍长于头胸甲长度之半，第一步足座节无刺。第三腹节不具 1 对红色圆斑 ………………………………………… C

C1 齿式：8—10，1—2。额角侧沟略窄于额角后脊，雄交接器中叶之顶端有非常粗大的突起，伸出于侧叶末端。纳精囊呈长圆柱形，雌交接器前末端变圆 ……………………………………………………………………………………… 日本对虾 *Penaeus japonicus*

C2 齿式：9—12/1。额角侧沟与额角后脊等宽。雄交接器中叶之末端有稍发达之小突起，大约伸至侧叶一半以上。纳精器近似长方形，长较短于宽，由两侧叶组成。雄交接器前部之顶端分叉 ………………………………………… 宽沟对虾 *Penaeus latisulcatus*

B2 第一触角柄刺几乎伸至柄第一节末端，额角上缘 12 齿，下缘 1 齿，额角后脊的中央沟稍短于头胸甲长之半，第一步足有座节刺，第三腹节两侧有一个红色圆斑。雄交接器中叶顶端圆形，伸至侧叶末端。纳精器呈半球形。雌交接器前部稍伸长、顶端尖锐 ……………………………………………………………………………………… 红斑对虾 *Penaeus longistylus*

A2 额角侧沟相当深，恰伸至胃上刺下方或后方，有明显的肝脊，无额胃脊，额角后脊中央沟明显（但较浅）………………………………………………………………………… B

B1 齿式：6—8/2—4，额角侧脊高而锐，伸至胃上刺后方，肝脊稍向下前方斜伸（约成 20°），眼胃脊较长（后部 2/3）。第一触角鞭短于柄，第三步足超出第二触角鳞片中部，第 5 步足有小的外肢 ………………………………………… 短沟对虾 *Penaeus semiculcatus*

B2 齿式：7—8/2—3，额角侧脊较低而钝，伸至胃上刺下方，肝脊平直（较宽而钝），眼胃脊长度为头胸甲的肝刺和眼窝后缘距离的一半。第 5 步足无外肢 ……………………………………………………………………………………… 斑节对虾 *Penaeus monodon*

A3 额角侧沟浅，后部较窄，至胃上刺下方消失。无肝脊和额胃脊，无中央沟 ………… B

B1 齿式：7—9 或 3—5，额角后脊伸至头胸甲中部，额角较平直前伸，基部微突凸，末端较粗，第一触角鞭长度为头胸甲的1.3倍，第三颚足末节稍短于末第二节 ……………………………………………………………………………… 中国对虾 *Penaeus orientalis*

B2 额角后脊伸到头胸甲后缘附近(约1/7)，额角基部背面较高，末端较细，第一触角鞭与头胸甲长度大约相等或略短 …………………………………………………… C

C1 齿式:7—2/4—1，额角基部稍高(雌更高)，雄性第三颚足末节为末第二节长度的1.2～2.7倍，额角后脊上有断续的凹点。雌交接器前片之顶端疣突较小，其宽为纳精囊的2/9 ……………………………………………………………………… 长毛对虾 *Penaeus penicillatus*

C2 齿式:8—9/4—5，额角基部背面很高，略呈三角形(侧面观)，雄性第三颚足末节很短，约为末第二节长度一半左右。雌交接器前片之顶端疣突相当大，约为纳精器的3/7 ……………………………………………………………………… 墨吉对虾 *Penaeus merguiensis*

C3 齿式:7—9/4—5，额角后脊相当高，近三角形，成熟的雄性第三颚足末节与末第二节等长，第一触角上鞭短于或等于头胸甲长度 ……………………… 印度对虾 *Penaeus indicus*

附注:几种重要对虾的鲜虾鉴别

(1)日本对虾、斑节对虾、短沟对虾:有显著的横色斑纹。

(2)红斑对虾:腹部第三节有一对红色斑点。

(3)宽沟对虾:淡土黄色，无斑纹或斑点。

(1)(2)(3)的共同特征:甲壳厚而硬，第1触角柄和鞭皆短。

(4)中国对虾、墨吉对虾、长毛对虾:淡棕黄色，透明，甲壳较薄，第1触角鞭较长。

4. 新对虾属检索

A1 第一步足具座节刺

A2 额具6～9齿，腹节第一至第六节背面有纵脊，尾节末部两侧无侧刺，第一对步足座节刺比基节刺小 …………………………………… 独角新对虾 *Metapenaeus monocerus*

(刀额新对虾 *Metapenaeus ensis*)

B2 额角9～11齿，腹部从第四至第六腹节背面具有纵脊，尾节有3对活动刺，第一对步足座节刺与基节刺大小近相等 ………………………………… 中型新对虾 *M. intermedius*

A2 第一步足无座节刺

C1 第一触角上鞭甚短，其长度稍小于头胸甲长度的1/2。雄性交接器为“十”字形，雌交按器前部有3条纵隆和1条牛角状隆起侧板 ………………………… 沙栖新对虾 *M. moyebi*

(布氏新对虾 M. borkenroad)

C2 第一触角上鞭较长，其长度约为头胸甲的3/4，雄交接器在末端正中突出物上有2支弯曲的尖条。雌交接器有1对发达的隆起侧板，略呈“C”字形，包围球拍状中央隆起 ……………………………………………………………………………… 周氏新对虾 *M. joyner*

C3 第一触角上鞭短于头胸甲的1/2，雄交接器末端略呈“V”字形。雌交接器的中板呈舌状 ……………………………………………………………… 近缘新对虾 *M. affinis*

5. 仿对虾属常见种检索

A1 第一和第二步足没有肢鳃

B1 额角约达第一触角柄的第一节的中部，额角上有 6～8 齿，分布整个额角，没有额角后脊和胃上刺，第三腹节背面后具有隆脊 ……………… 细巧仿对虾 *Parapenaeopsis tenella*

B2 额角稍超过第一触角柄的顶端，上缘有 7～8 齿，末端 1/3 无齿。额后脊几乎达到头胸甲的后缘。有胃上刺，腹部背面第二节后有隆脊 …………… 亨氏仿对虾 *P. hungerfordi*

A2 第一和第二步足有肢鳃

B1 雄性交接器侧叶外末角有一细长而弯曲的突起。雌交接器在前面宽大的中叶之后，有 1 对比较宽阔的侧叶，胸部末节腹甲后缘后方有一丛长毛

C1 雌性第三步足不具基节刺 …………………………………… 角额仿对虾 *P. cornnta*

C2 雌性第三步足有一基节刺 ……………………………… 颚肢仿对虾 *P. maxillipedo*

B2 雄交接器侧叶有一对短的端侧角朝向侧方或前侧方，雌交接器在前面宽半圆或五角形的中板旁边，沿着最后的胸节的后缘有横隆起，而在最后胸节后缘中间之后没有一簇长毛

C1 胃上刺位于头胸甲的 1/4 处，第一、二腹节背部圆形，第四和第五腹节背中脊后端没有小刺，尾节有 3～5 对极细小的背侧刺，第一触角长鞭为头胸甲长的 0.7～0.9 倍。雄性交接器的顶突没有侧叶端突那样大。

D1 额角 S 形，末端 1/3 没有齿，远远超过第一触角柄的末端。雄性交接器侧叶基部有一耳状突，侧缘在侧突与耳突之间较直 ………………………… 哈氏仿对虾 *P. hardwickii*

D2 额角匕首形，稍下弯，沿额角全长有齿，约达第一触角柄的中部。雄性交接器在近端的耳状突和端侧角之间的侧缘稍隆起 ………………………… 刀额仿对虾 *P. cultrirostris*

C2 胃上刺位于头胸甲 1/5 处，第一、二腹节有一条低的具浅沟的背中脊。第四、五腹节背中脊后端各有 1 个小刺。第一触角上鞭为头胸甲长的 0.4 倍。雄交接器中叶之顶突似翼状，比侧叶端侧突较大。雌交接器在后板中部有一簇长毛 ……… 雕纹仿对虾 *P. scdipfils*

6. 鹰爪虾常见种检索

A1 第一至第三对步足具有肢鳃，步足较粗短，第五对伸不到第二触角鳞片末端。雄性交接器锚状，末端侧突起伸向两侧。雌性交接器前板略作菱形，中央无脊，后面无舌状突起（雌性额角上端向上弯曲，雄性平直前伸） ……………… 鹰爪虾 *Trachypenaeus cruoiostris*

A2 仅第三对步足具肢鳃，步足较纤细而长，第五对超出触角鳞片末端

B1 雄交接器端侧突直，朝向外侧，雌交接器前板半圆形，在后缘没有一个舌状中突，后板外面稍凸稍平 ……………………………………………………… 粗糙鹰爪虾 *T. falvus*

B2 雄交接器的突起（角）向着侧面，其末端弯曲向前，但基部不弯曲，雌交接器的前板半圆形，在后缘没有突起，而在后缘之后没有两个深凹 ………………… 红褐鹰爪虾 *T. faivus*

B3 雄交接器的突起（角）向侧，自基部起末端弯成 90°或更多。雌交接器前板有一个大的后突起，在前板后缘之后，这个突起的每侧有 1 对深的凹陷 ……………………………………………………………………………………… 膨湖鹰爪虾 *T. pescadoreensis*

B4 雄交接器末端突起 L 形，末端弯向内前方。雌交接器前板菱形，有中央脊，后缘有舌状起 …………………………………………………………… 萨拉沙鹰爪虾 *T. sadoco*

7. 拟对虾属常见种检索

A1 鳃甲刺存在，第五步足远未超过第二触角鳞片。鳃甲刺位于头胸甲的前缘，第六腹

节小于第五节两倍之长

B1 雄交接器 a 突起匀称地分叉,朝向侧端。b 突起尖锐, ……………………………………………………………………………… 长缝拟对虾 *Parapenaeus fissurus*

B2 雄交接器 a 突起很尖锐,朝向侧端。b 突起很发达,朝向前背面,顶端尖锐弯向前中部 ……………………………………………………………………… 矛形拟对虾 *P. lanceloatus*

A2 无鳃甲刺,第五步足指节超出第二触角鳞片末端 ………… 长足拟对虾 *P. longipes*

8. 赤虾属常见种检索

A1 头胸甲两侧后缘有摩擦发声器(一列小突起)

B1 第 3 腹节背中脊表面稍平或略凹,额角达到或几乎达到第一触角柄末端。摩擦发声器由 13～25 个突起组成(一般 18～22 个)。雄交接器左端腹突起没有被发展成顶端附属物,雄交接器内中片伸出外面。雌交接器前板亚矩形,宽为长的 1.5 倍 ……………………………………………………………………………… 须赤虾 *Metapenaeopsis barbata*

B2 第 3 腹节背中脊有 1 条清楚的中央沟,第一触角鞭约为头胸甲长的一半。雄交接器内中细长片被外中细长片超过。雌交接器前板扇形,长宽一样,摩擦发声器由 28～35 个突起组成。 ……………………………………………………………… 硬壳赤虾 *M. dura*

B3 第 3 腹节背中脊有平滑或不明显的沟面,摩擦发声器由 7～12 个突起组成,雄交接器内中片与外侧等长或稍短 ……………………………………… 新几内赤虾 *M. novaeguineac*

B4 摩擦发声器由 8～13 个突起组成,排列成一条弯带,从头胸甲后缘弯向前腹方 …… ……………………………………………………………………… 巴贝岛赤虾 *M. barbeensis*

B5 摩擦发声器由 4～6 个突起组成,大致排列成一条短水平带 ……………………………………………………………………………………… 音响赤虾 *M. stridulans*

A2 头胸甲两侧后缘没有摩擦发声器

B1 胃上刺位置约在头胸甲的前端 1/4 处,肝刺在胃上刺之下方,第 3 腹节背中央脊与第 4 节相似,第 7 胸节具前关节鳃 ……………………………………………… 短角赤虾 *M. dalei*

B2 胃上刺在头胸甲中央以后,肝刺在胃上刺之前方(很远),第 3 腹节背中央脊远较第 4 节高,第 7 胸节无关节鳃 ……………………………………………… 胖爪赤虾 *M. lamellatus*

9. 管鞭虾亚科各属检索

A1 第一触角鞭圆柱形或近圆柱形,无眼后刺,第七体节有一关节鳃。

B1 在第三、四胸节没有退化的足鳃

C1 有肝上刺,雄交接器末端刚毛很少 ……………………… 拟长鞭虾属 *Parahaliparus*

(拟哈虾属)

C2 无肝上刺,雄交接器末端有许多刚毛 ………………………… 哈虾属 *Haliporus*

B2 在第三、四胸节有退化的足鳃 …………………………… 膜对虾属 *Hymenopenaeu*

A2 第一触角鞭叶状,有眼后刺,无肝上刺。雄交接器末缘有许多刚毛,第七体节有两个关节鳃…………………………………………………………………… 管鞭虾属 *Solenocera*

10. 管鞭虾属常见种检索

A1 无颊刺，在尾节亚末端背侧缘有 1 对不动刺。肝沟下缘，肝刺的前方没有十分明显的隆起

B1 额角后脊在后面伸到头胸甲的后缘，额角后脊没有显著高凸，没有薄片组成 ………………………………………………………………………… 凹管鞭虾 *Solenocera depressa*

B2 额角后脊伸到颈沟后方，高而呈片状，有薄片组成 ………………………………………………………………………… 高脊管鞭虾 *Solenocera alticarinata*

A2 无颊刺，尾节没有刺

B1 肝脊没有明显高突，肝脊前部通常轻度地突然改变方向的弯曲 ………………………………………………………………………… 半裸管鞭虾 *S. subnuda*

B2 肝脊明显比较平直地斜向后上方，额角短，其长度约为头胸甲的 1/3。腹部 3～6 节背侧有脊状突起，但在第二节者不显著 ……………………………… 中华管鞭虾 *S. sinensis*

真虾族

一、实验目的

(1)了解并初步掌握真虾类的形态分类特征。

(2)利用检索表识别主要科、属、种。

二、材料和器具

(1)实验材料：中国对虾、我国海域(主要是东海和南海)对虾亚科主要习见种的示教标本。

(2)实验器具：解剖镜每人 1 架，培养皿和解剖工具每人一套。

三、实验内容

1. 对虾族与真虾族的区别(表 16-1)

表 16-1　对虾族与真虾族的区别

类别	腹部第 2 节之侧甲是否覆盖第 1 节之侧甲	P_3是否钳状	MXP_3	腹部是否抱卵
对虾族	不覆盖	钳状	7 节	不抱卵
真虾族	覆盖	非钳状	4～6 节	抱卵

2. 真虾类各主要科代表动物观察

(1)玻璃虾科——细螯科 *Leptochela gracilis*。

(2)鼓虾科——鲜明鼓虾 *Alpheus distinguendus*,短脊鼓虾 *Alpheus brevicristatus*,日本鼓虾 *Aplheus japonicus*。

(3)藻虾科——中华安乐虾 *Eualus sinensis*,疣背宽额虾 *Latreutes planirostris*。

(4)长臂虾科——脊尾白虾 *Palaemon carinicauda*,葛氏长臂虾 *Palaemon gravieri*,锯齿长臂虾 *Palaemon serrifer*。

(5)褐虾科——脊腹褐虾 *Crangon affinis*。

3. 示教标本(爬行亚目、异尾族、蝼蛄虾亚科)

(1)美人虾科——哈氏美人虾 *Callianassa harmandi*,日本美人虾 *Callianassa japonica*。

(2)蝼蛄虾科——大蝼蛄虾 *Upogebia major*,伍氏蝼蛄虾 *Upogebia wubsienweni*。

四、实验步骤

利用检索表观察示教标本。

五、实验报告

编制所观察到的真虾类的检索表。

附表:真虾族各科的检索表

A 第二颚足末节接于末二节的顶端,步足皆具外肢,但无肢鳃,前 2 对步足大于后 3 对,额角短小 ………………………………………………………… 玻璃虾科 Pasiphaeidae

A1 第二颚足末节较短,接于末 2 节的侧面

B 大颚门齿部及臼齿部间不完全裂开,大颚无触须,前 2 对步足钳状,其腕不分节,钳之指呈匙状,顶端具丛毛,步足具或不具外肢(产于淡水) …………………… 匙指虾科 Atyide

B1 大颚简单或深、裂开,触须有或无,前 2 对步足之指不呈匙状,顶端不具丝毛,步足均不具外肢

C 第二对步足之腕由 2,3,5,7 或许多小节构成

D 第一对步足简单或具特殊微小之钳(第 2 步足之钳很小,腕由许多小节构成,额角发达,大颚有明显之门齿及臼臼部,有触须,多产于深海 ………………………… 长额虾科

D1 第一对步足呈钳状,不特殊小

E 眼不被头胸甲前缘覆盖,第一步足不特别强大,额角发达,第二步足之腕由 2,3,7 或许多小节构成(多产于浅海) ……………………………………… 藻虾科 Hippolytidae

E1 眼多被头胸甲前缘覆盖,第一对步足通常甚强大,额角短小或全无,第二对步足之腕由 3 节,4 节或 5 节构成 ………………………………………………… 鼓虾科 Alpheidae

C1 第二对步足之腕不分节

F 第一对步足呈钳状，第二对步足也呈钳状，其钳较第一步足为大 …… 长臂虾科 Palaemonidae

F1 第一对步足呈半钳状，第二对步足呈钳状或爪状，钳较第一步足者为小 …… 褐虾科 Crangonidae

实验十七　棘皮动物分类实验

一、实验目的

(1)了解并初步掌握棘皮动物蛇尾纲的形态分类特征。
(2)利用检索表识别青岛及黄渤海习见棘皮动物。

二、材料和器具

解剖镜每人1架,培养皿和解剖工具每人1套。

三、实验内容

1. 实验材料
蛇尾纲典型代表:金氏真蛇尾 *Ophiura kinbergi*,黄渤海习见种。

2. 一般说明
金氏真蛇尾:辐楯大,为梨子状,被2个大的和几个小的鳞片所分隔。腕栉的栉棘细长,从上面能看到8～12个。腹面间腕部复有半圆形的小鳞片。口楯大,呈五角形,长大于宽;内角尖锐、外缘钝圆。侧口板狭长,彼此相接。口棘3～4个,短而尖锐。齿4～5个,上下排列为1行。生殖裂口的边缘,有一排短而尖的生殖棘。腕棘3个,背面者最长。触手鳞薄而圆,在口触手孔(第二触手孔)为8～10个,第三触手孔为6～8个,第四触手孔为2～4个,第五触手孔以后减为1个。生活时背面为黄褐色,常有黑褐色斑纹,腹面白色。为我国各海都有的普通种。

3. 实验步骤
(1)对照图17-1和讲义上的描述,认识金氏真蛇尾的各部分的形态特征。
(2)利用检索表识别黄渤海习见的棘皮动物。

四、实验报告

绘制金氏真蛇尾口面观(1/5即可)。

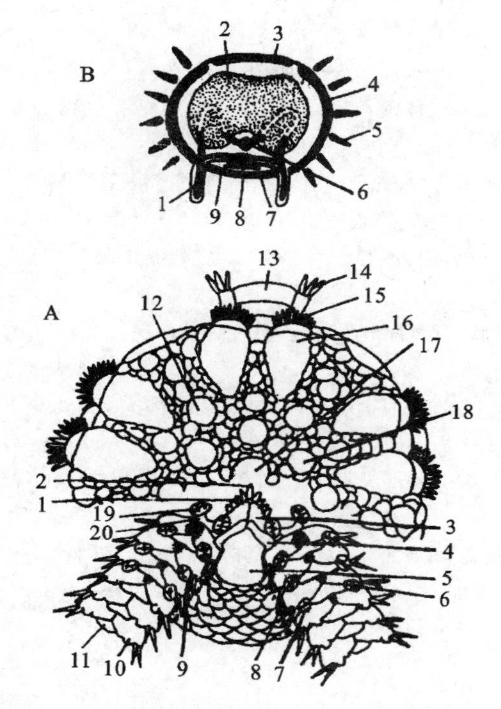

1. 口棘；2. 齿；3. 颚；4. 侧口板；5. 口盾；6. 触手口；7. 触手鳞；8. 生殖裂口；9. 生殖棘；10. 侧腕板；11. 腹腕板；12. 基板；13. 背腕板；14. 腕棘；15. 腕栉；16. 辐盾；17. 中背板；18. 辐板；19. 腹腕板；20. 侧腕板

A. 金氏真蛇尾 *Ophiura kinbergi* 的背面和腹面

1. 触手；2. 腕椎骨；3. 背腕板；4. 侧腕板；5. 腕棘；6. 辐水管；7. 辐射窦；8. 神经；9. 腹腕板

B. 蛇尾腕的横切面模式图

图 17-1　蛇尾纲图解(从张风瀛、廖玉麟)

附表：青岛及黄渤海习见棘皮动物检索

(一)海百合纲 Cronidea

锯羽丽海羊齿 *Compsometra serrata*(海羊齿科 Antedonidae)：中背板为半环形，背极很小。卷枝窝密集，成不规划的 2～3 圈排列。圈枝为 40～55 个，各有 10～14 节。腕数 10 个，上生羽枝。酒精标本为黄褐色，腕上常有深色斑纹。多生活在潮间带下区或潮下带，岩石底或带贝壳的石砾底，产于胶州湾。

(二)海星纲 Asteroidea 分类检索

1. 腕的边缘有明显的上下缘板，步带沟内的管足 2 行…………… 显带目 Phaneroyonia

上缘板不发达，由小柱体所代替。下缘板、侧步带板以及两者之间的小板，排成规则的横列，三种板数目相等 …………………………………………………… 砂海星科 Luidiidae

砂海星 *Luidia quinaria*：体盘和腕的背面中央呈黑灰色，边缘色浅。

(1)上下缘板极不明显

2. 叉棘少而无柄或无叉棘，管足 2 行，反口面棘成簇成组排列 ……… 有棘目 Spinulos

3. 腕短，体盘较大，边缘薄，缘板较小，背板上具颗粒状小棘 ……… 海燕科 Asterinidae

海燕 *Asterina pectinifera*：体背面颜色鲜明，深蓝色和丹红色交错排列。

(3)体盘较小，腕细长

4. 腕 5 个，呈圆柱状，背腹面分界不清楚 ………………………… 棘海星科 Echinasteridae

刺鸡爪海星 *Henricia spiculifera*

(4)腕 5 个以上，背板结合成网状，各板上有许多小柱体，无叉棘 …………………………………………………………………………… 轮海星科 Solasteridae

陶氏太阳海星 *Solaster duwsoni*：腕数为 10～15 个，背面小柱体大而稀疏，小柱体顶平，个体大。

(2)具有叉棘，叉棘有柄，管足常为 4 行，反口面骨板组成网状 …… 钳棘目 Forcipulata

体盘较小，背板不规划 …………………………………………………… 海盘车科 Asteriidae

罗氏海盘车 *Asterias rollestoni*

（三）海胆纲 Echinoidea 分类检索

1. 体球形或圆盘状，口在腹面中央，有齿

2. 体球形，肛门在顶部中央 ………………………………………… 正形目 Regularia

3. 每个步带板由 3 个小板合成，壳板或壳抓的缝合线上有明显的凹痕，并常在缝合线的角上有小孔 ……………………………………………… 刻肋海胆科 Temnopleuridae

4. 大棘为黄褐色或灰褐色、灰绿色或稍带浅红色，有红褐色横斑，各间步带板上有 3 个等大的疣，管足孔 3 对排成弧形 ………………… 细雕刻肋海胆 *Temnoplenrus toreumaticus*

(4)反口面大棘黄褐色，无横斑，棘基部黑褐色，口面大棘色略浅，基部褐色 …………………………………………………………………… 哈氏刻肋海胆 *T. hardwickii*

(3)步带板由 3 个以上的小板合成，管足孔 4～11 对，排列成弧形，管足内具简单 C 形骨片，球形叉棘，有发达的颈部 ………………………… 球海胆科 Strongylocentrotidae

4. 管足孔每 4 对排列成很斜弧形，棘短小，长 5～6 mm …………………………………………………………………… 马粪海胆 *Hemicentrotus pulcherrimus*

(4)管足孔每 6～7 对排成一斜弧，大棘粗状，赤道部大棘长约 3 cm ………………………………………… 大连紫海胆 *Strongylocentrotus nudus*（光棘球海胆）

(2)体盘状，肛门在后部 ……………………………………………… 楯形目 Clypeastroicia

壳卵圆形，前端稍尖，后端钝圆，壳长约 10 mm，宽 5 mm，高 2.6 mm。生活时，棘成草黄色 ……………………………………………………………… 尖豆海胆 *Fibularia acuta*

(1)体心脏形，口不在中央，无齿 ……………………………………… 心形目 Spatangoidea

心形海胆 *Echinocardium cordatum*

（四）蛇尾纲常见种分类检索

1. 腕不分枝，由明显的规则的小骨板组成………………………… 节腕目 Zygopbiura

2. 有齿棘，无口棘 ………………………………………………… 刺蛇尾科 Ophiotrchidae

体盘背面有许多棒状小棘，小棘末端膨大，腕棘向两侧伸出，并带有许多小刺 …………………………………………………………………… 马氏刺蛇尾 *Ophiothix marenzelleri*

(2)有口棘，无齿棘

3. 具腕栉，腕棘较小，贴近腕侧……………………………… 鳞蛇尾科 Ophiolepididae

4. 体盘厚，腕粗状，棘多而小分为首级棘和次级棘，色呈浅红 ……………………………………………………………………… 司氏盖蛇尾 *Stegophiura sladeni*

(4)体盘薄，腕细，只有一种腕棘，色灰褐

5. 体形小，体盘上鳞片平滑，腕栉的栉棘细长，腕末端的腕棘以中央一个为最短 ……………………………………………………………………… 金氏真蛇尾 *Ophiura kinbergi*

(5)体形较大，盘上鳞片稍隆起，腕栉的栉棘短，腕末端的腕棘以中央一个为最长 ……………………………………………………………………… 萨氏真蛇尾 *Ophiura sarsii*

(3)不具腕栉，腕棘向腕侧伸出，腕细长，体盘上被有鳞片或裸露，颚顶具一对齿下口棘 ……………………………………………………………………… 阳隧足科 Amphiuridae

4. 腕很长，超过体盘直径 10 倍，盘上除辐楯附近几行鳞片外，其余大部分裸露，口棘 2 个 ……………………………………………………………… 滩栖阳隧足 *Amphiura uadicola*

(4)腕较短，为体盘直径的 4～5 倍，体盘边缘鳞片突出，口棘 4 个约相等大 ……………………………………………………………… 日本鳞缘蛇尾 *Ophiophragmus japonicus*

④腕细长，约等于体盘直径 10 倍，体盘背面隆起，间辐向外作弧形拱出，盘上鳞片很细，口棘 3 个，外边一个为最大 ……………………… 柯氏双鳞蛇尾 *Amphipholis kochii*

③无腕栉，腕棘短，腕长约等于体盘直径的 4 倍，盘上具棘，各鳞片周围有许多颗粒突起，具一个齿下口棘 ……………………………………………………… 辐射尾科 Ophiactidae

4. 各背腕板两侧具一付腕板 ………………………… 紫蛇尾 *Ophiopholis mirabilis*

(4)无付背腕板 ……………………………………… 近辐蛇尾 *Ophiactis affinis*

(1)腕常分枝，背腕板常缺………………………………………… 枝腕目 Cladophiurae

体盘直径 20～90 mm，腕分枝回数很多，在黄海，多分布于大沙鱼场附近，垂直分布 40～366 mm …………………………………………………… 海盘 *Astrodendrum sagaminum*

（五）海参纲 Holothuroidea 常见种分类检索

1. 触手目 Aspidochirotue：触手状分枝，有管足和呼吸树。

刺参 *Stichopus japonicus*（刺参科 Stichopodidae）：体为圆筒形，背面为黑褐色，腹面颜色较淡。在身体前端，口的外围，有 20 个末端呈丝状的周口触手，能自由伸缩，肛门位于身体的末端。身体腹面较为扁平，由 3 个主辐，2 个间辐所组成，主辐生有管足。体之背面由 2 个主辐与 3 个间辐所组成，生有许多大型疣突，排列不规则，共约 6 行。

2. 枝触手目 Dendrochirotae:触手树枝状,有管足和呼吸树。

(1)丛足瓜参 *Cucumaria multipes*(瓜参科 Cucumariidae):管足密集,在各辐部排列成 2 行,近身体末端数目减少。肛门附近有 5 个小疣。

(2)正环沙鸡子 *Phyllophorus ordinatus*(沙鸡子科 Phyllophoridae):管足密生于全体表面,肛门周围有 5 个细小疣,皮肤内骨片密集,骨片桌形体底盘大,塔部低。

3. 芋参目 Molpadida:触手不分枝或指状分支,无管足,有呼吸树。

(1)海地瓜 *Acaudina molpadioides*(芋参科 Molpadiidae):触手 15 个,不分枝,各触手顶端有 2 个小突起。成体皮肤内骨片亚铃状。体形似地瓜,体壁稍透明,体外可见纵肌。肛门周围附近有 5 组小疣,每组 4～6 个。

(2)海老鼠(海棒槌) *Paracaudina chilensis* var. *ransonnetii*:触手 15 个,有分枝,上端二枝较大,骨片多呈皿状穿孔体,肛门周围有 5 组小疣,每组包括小疣 3 个,尾部长,体形似老鼠。

4. 无足目 Apoda:触手羽状分枝或指状分枝,无管足,无呼吸树。

棘刺锚参 *Protankyra bidentata*:具锚形骨板,锚板后端不变窄,常不规划,具多数穿孔。

实验十八　小型底栖动物分选及优势类群形态观察

一、实验目的

(1)学习分选小型底栖动物的基本方法；

(2)观察小型底栖动物优势类群自由生活海洋线虫和底栖桡足类的主要形态特征。

二、材料和器具

(1)实验材料：染色固定 24 小时以上的泥沙质海洋沉积物样品。

(2)实验器具：普通离心机、比重计、1 mm 和 0.1 mm 孔径网筛、滤膜、显微镜和解剖镜、培养皿、小玻璃瓶，玻璃棒、单凹载玻片、载玻片、盖玻片、小玻璃珠、解剖针、吸管等。

(3)药品：硅胶溶液、乳酚溶液、甘油。

三、一般说明

小型底栖动物传统上被认为是能穿过 1 mm 但被 0.1 mm 孔径网筛留住的底栖动物，是介于大型底栖动物和微型底栖动物之间的一些后生动物。

小型底栖动物包括永久性的小型底栖动物和暂时性的小型底栖动物。前者是指在其生活周期中，大小始终处于小型底栖动物范畴的动物，后者是指大型底栖动物的幼龄个体，它们在生活周期的某一时期属于小型底栖动物，如多毛类和双壳类的幼体。小型底栖动物的主要类群几乎涵盖了大部分无脊椎动物门类，如自由生活海洋线虫、底栖桡足类、介形类、涡虫类、动吻类、腹毛类、曳腮类、颚咽类、海螨类、多毛类、双壳类等等。其各类群的特征详见各有关的分类参考书。

通常自由生活海洋线虫和底栖桡足类是泥沙质海洋沉积物中优势的小型底栖动物类群。

四、实验内容

1. 分选

(1)将沉积物样品倒入 0.1 mm 孔径网筛中，用经过滤膜过滤后的自来水彻底冲洗，以除去样品中大部分的粘土和甲醛；

(2)把冲洗后的沉积物样品转移到离心管中，加入比重为 1.15 的硅胶溶液，沉积物和硅胶溶液的比例为 1∶3，玻璃棒搅匀，离心管两两平衡后，以 1 800 r/min 离心 10 min；

(3)将上清液通过上层 1 mm，下层 0.1 mm 孔径双层网筛过滤，将 0.1 mm 孔径网筛截留的样品用过滤水转移到培养皿中。

(4)解剖镜下，用吸管将培养皿中小型底栖动物的主要类群分类挑出。

2. 特征观察

在显微镜下观察自由生活海洋线虫和底栖桡足类的主要形态特征。

(1)自由生活海洋线虫：

制片：在一干净的载玻片上滴一小滴甘油，用解剖针小心地将数只线虫逐只转移至甘油中，选取直径与虫体直径基本相同的小玻璃珠 3～4 粒，置入甘油的不同位置，加盖玻片，显微镜下观察。

特征观察：自由生活海洋线虫属线虫动物门，体细长，通常呈长圆柱形，两端尖细；口在前端，肛门在近后端的腹面；不分节；无附肢；有假体腔；雌雄异体；具完全消化道、神经系统、排泄系统的蠕虫状无脊椎动物(图 18-1)。

(2)底栖桡足类：

制片：在单凹载玻片滴入少许乳酚溶液，用解剖针小心转移数只桡足类标本入内，解剖镜下调整部分标本姿态为背部向上，部分标本姿态为侧卧，静置后显微镜下观察。

特征观察：底栖桡足类属节肢动物门甲壳纲桡足亚纲，主要为底栖猛水蚤：

体纵长且分节，体节数不超过 11 节，猛水蚤活动关节位于第 4 和第 5 胸节之间；头部有两对触角、三对口器，猛水蚤第一触角雌性至多 9 节，雄性至多 14 节；胸部具 5 对胸足，前四对基本为双肢型，第五对常退化，两性有异，第 1 胸节(附着第 1 胸足)在猛水蚤大多与头部愈合；腹部无附肢，末端具一对尾叉，其后具数根刚毛；雌雄异体，雌性腹部常带卵囊；变态发育，即有无节幼体和桡足幼体(图 18-2)。

五、实验报告

(1)绘观察到的任意一种自由生活海洋线虫外形图。

(2)绘观察到的任意一种底栖猛水蚤背面观图。

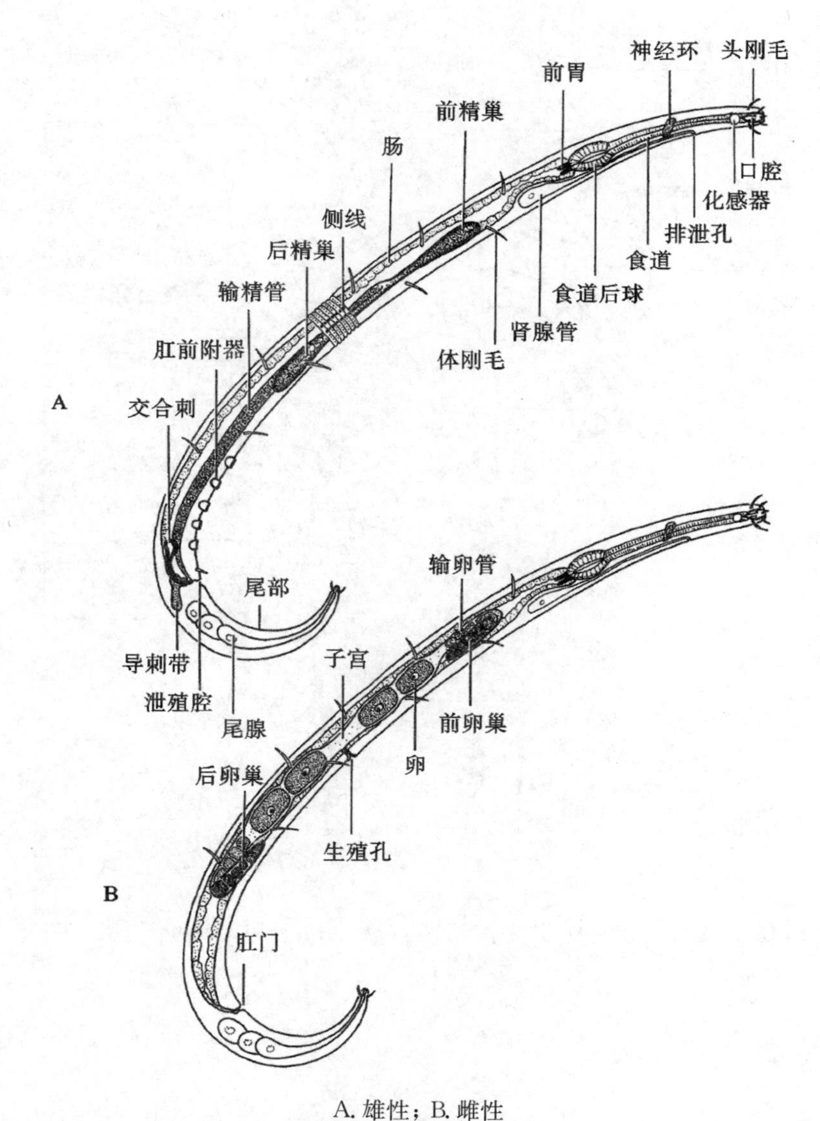

A. 雄性；B. 雌性

图 18-1　自由生活海洋线虫模式图(仿 Platt & Warwick，1983)

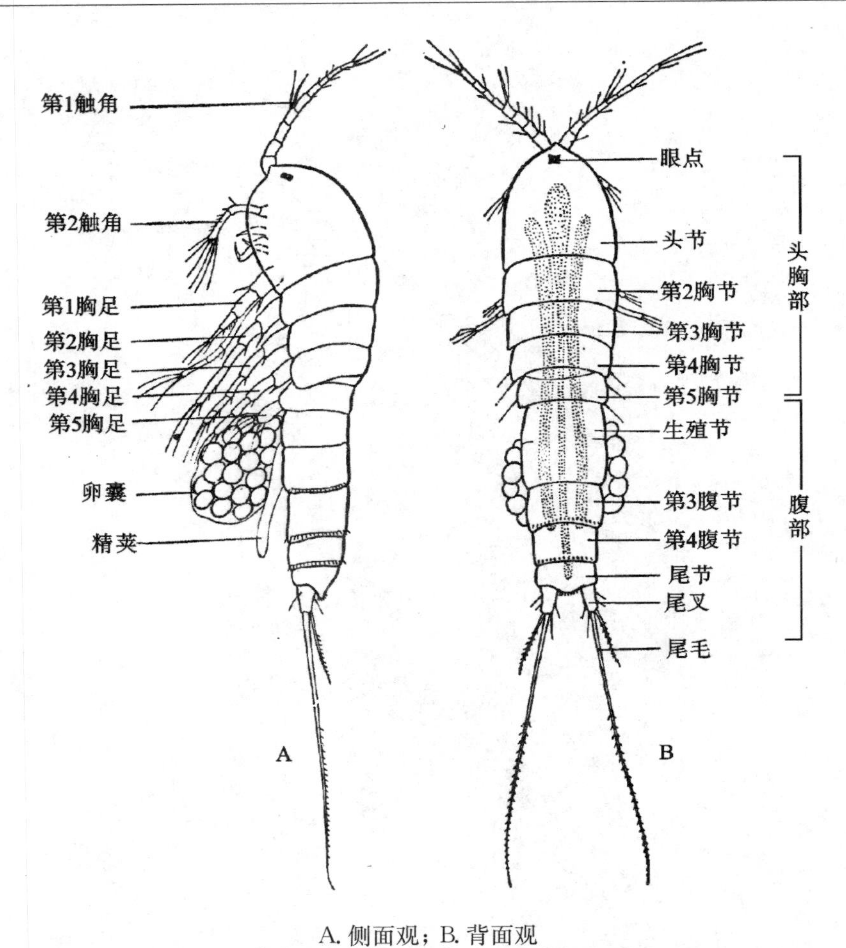

A. 侧面观；B. 背面观

图 18-2　猛水蚤模式图(引自中国科学院动物研究所甲壳动物研究组，1975)

实验十九　海洋底栖生物调查方法

一、实验目的

了解并初步掌握海洋底栖生物的调查方法。

二、材料和器具

曙光型采泥器、箱式采泥器、阿拖网、套筛等。

三、实验内容

底栖生物分为大型底栖生物和小型底栖生物。

（一）大型底栖生物调查

大型底栖生物的调查方法分为定量采泥和定性拖网两部分。定量采泥是了解单位面积中有多少个和多少克底栖生物；定性拖网因采样面积较大，能更好地了解底栖生物的种类组成和分布，是对定量采泥的补充。一般的海洋底栖生物调查都要求做定量采泥，有条件的可以做定性拖网。

1. 定量采泥

定量采泥用的工具是采泥器，之所以是定量，是因为各种采泥器完全张开口的面积是一定的，如有 0.25 m^2、0.1 m^2 和 0.05 m^2 等等，也就是说，采泥器所采到的海底沉积物的表面积是一定的，通过分析这一定表面积沉积物中的底栖生物，就能知道该站位所采到的各种底栖生物的个体数和生物量。

海洋调查中常用的采泥器有曙光采泥器、弹簧型采泥器和箱式采泥器等。曙光采泥器用于泥底和泥沙底采集。如底质是比较硬的沙底，一般要用弹簧型采泥器，靠采泥器上面的两个强有力的弹簧的释放，将采泥器打入沙底，从而将沙质样采上。箱式采泥器因其采样深度较深，并且可以保留沉积物表面的上覆水，而用于小型底栖生物的取样。

各种采泥器的采泥原理基本上是一样的，在甲板上将采泥器的两个活瓣打开，然后将采泥器放入海底，在用绞车提升采泥器后，可以将采泥器的两个活瓣关闭，从而将沉积物挖入采泥器中。

近岸浅水调查，一般使用 0.1 m^2 的采泥器，大洋调查一般使用 0.25 m^2 的采泥器，港湾调查则使用 0.05 m^2 的采泥器。使用 0.25 m^2 的采泥器，在一个站位一般采一次；使用 0.1 m^2 的采泥器，在一个站位一般采两次；使用 0.05 m^2

的采泥器，在一个站位一般要采 4 次。海洋调查规范规定，在一个站位的采泥面积不少于 0.2 m^2。

使用采泥器将沉积物采上后的下一步工作是分选，即过筛子。分选大型底栖生物的筛子的网孔孔径是 0.5 mm。将泥样放入筛子中，然后用海水慢慢冲洗，直至海水变清，也就是说小于 0.5 mm 的颗粒已经全部漏下筛子，这时应将留在筛子上的标本及渣子全部收集，装入广口瓶中，加固定液保存。回到陆地实验室后，在解剖镜下将渣子中的标本全部拣出，然后进行分类鉴定。

2. 定性拖网

(1)网具的选择：应根据调查的目的要求和对各站深度与底质性质等的预先了解来选择适宜的网具。在非常软的泥质海底处，一般使用桁拖网，在较硬的底质处可用阿拖网或三角形拖网；在岩石或砾石较多以及海藻丛生之处，则只能使用双刃拖网。深海作业中一般多用大型阿拖网。如专为采集大型底栖动物，可用板式拖网。

(2)投网：拖网中的投网操作是在其他工作完毕，调查船以低速离站开航，而且航向稳定以后才进行。投网时先将网具平放海中，再开动绞车松放钢丝绳，使网徐徐下降。如果使用桁拖网，应注意切勿使网上下颠倒。在拖网中放出的绳长视调查船行驶的速度、水深及流速等情况而定。拖网时的航速在 2 节左右。放出的绳长，一般为水深的 3 倍左右，在近岸浅海甚至可以更长些，但在 1 000 m 以上的深海进行工作时，由于钢丝绳本身重量很大，所以不要超过水深的两倍。如果调查船速度快(在 4 节以上)得不能符合拖网规定要求时，可采取间歇开车办法，利用船体的滑行来拖网。不过在这种情况下，拖网时间应适当地延长一些。

在拖网过程中，应随时注意网具的工作情况，从钢丝绳的角度和紧弛程度上来判断网具是否着底(有经验的工作人员，在浅海作业中用手触绳即可觉察出来)。如感觉到工作不正常(网未着底或者在海底遇到障碍物)时，立即采取措施——放绳、停车或者起网。拖网时间的计算是以放绳完毕和网着底时开始，至开始起网时为止。

(3)起网：起网前先减低船速。当网接近水面时，减低绞车速度；网具吊离水面时更要慢稳。待网完全吊起后立即停车，转动吊杆方向，然后慢慢将网放下，使网袋后部落在甲板上的铁盘内。这时可解开网袋，将捕获物倾人盘中。如果网袋内带有泥沙，将标本放在套筛内冲洗。挑检标本时必须仔细耐心，将网袋上附挂的动植物全部取下，不要遗漏。

(4)标本的分离：标本自网中取出后，必须先将大小悬殊者、柔软脆弱者和坚硬带刺者一一分开，不要使它们相互冲撞，并避免由其他原因造成损坏或丢失。如果数量过大，可先将全部标本称重，然后取标本的一小部分称重计数，经换算后得到全部标本的个数。对习见而且定名准确的种类，可保留一定数量，其他全部丢弃，但在丢弃前也应称重和计数，并将数字登记在相应的表中。

（二）小型底栖生物调查

小型底栖生物因其特殊性，以前的底栖生物调查一般不要求做小型底栖生物调查。不过，从目前发展趋势看，小型底栖生物必将成为调查的重要内容。

小型底栖生物调查也分为定量和定性取样。定量取样通常是使用内经2.6 cm（根据底质类型不同，孔径有变化）的有机玻璃管，在采上沉积物样品的箱式采泥器中，插管取样，称为取分样或再取样。定性取样通常是在采上沉积物样品的箱式采泥器中，刮取表面适量的沉积物，作为定性样品。

详细的有关小型底栖生物的调查方法，参见国家技术监督局1991年编写出版的中华人民共和国国家标准海洋调查规范中的海洋生物调查部分。

四、实验报告

结合海洋学实习，写出你所实习海域的大型底栖生物的调查报告。

附图：海洋底栖生物调查工具

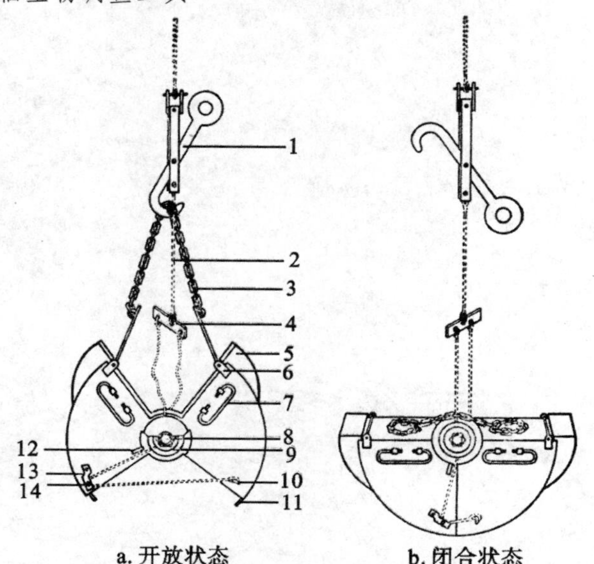

a. 开放状态　　**b. 闭合状态**

1. 挂钩；2. 钢丝绳；3. 铁链；4. 横梁；5. 配重；6. 固定板；7. 提环；8. 主轴；9. 滑轮；10. 绳环；11. 铲刀；12. 挡块；13. 弯板；14. 小滑轮

图 19-1　曙光（HNM,型）采泥器

图 19-2 箱式采泥器(采泥前状态)

图 19-3 箱式采泥器(取小型底栖生物)

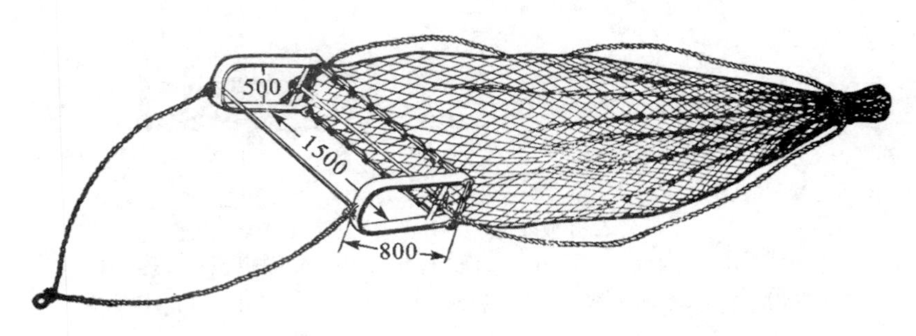

图 19-4 阿拖网

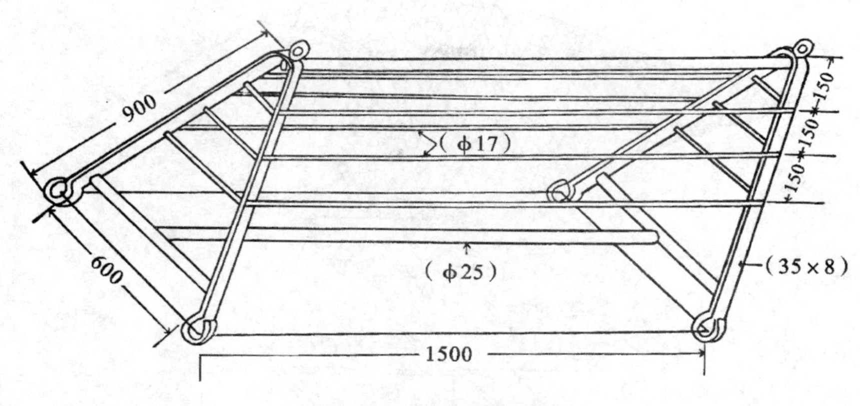

图 19-5　三角形拖网

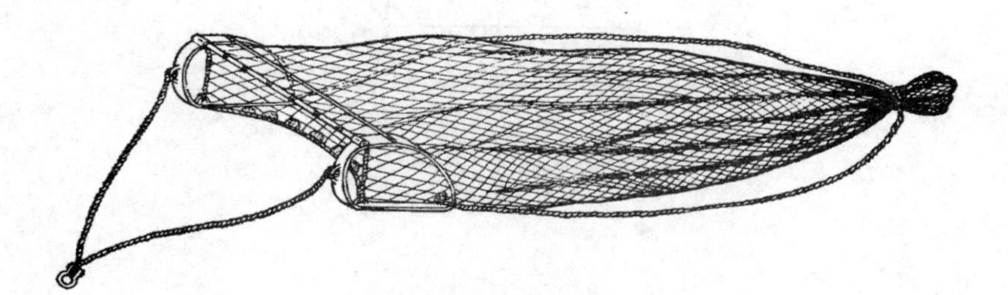

图 19-6　桁拖网

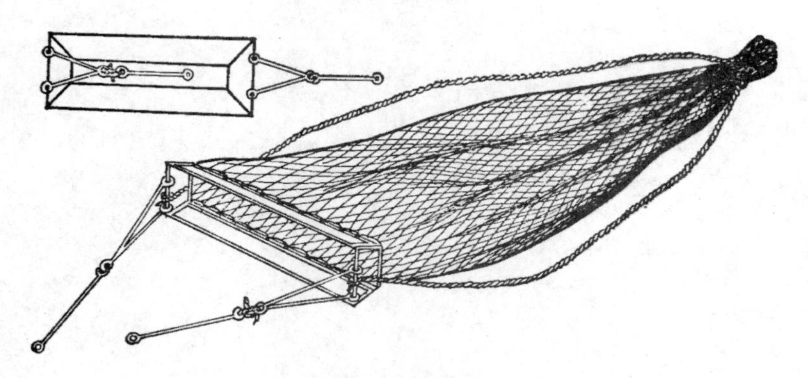

图 19-7　双刃拖网

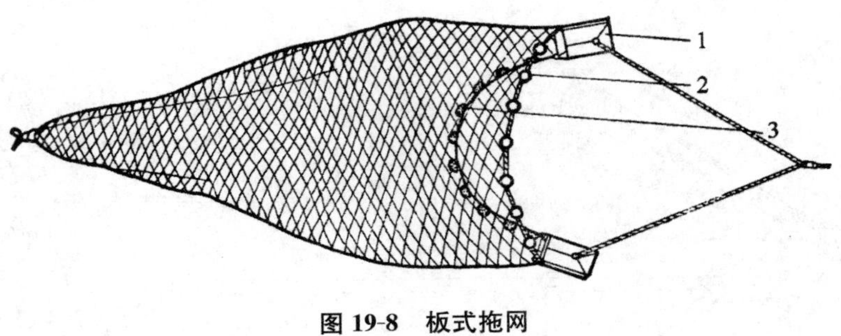

图 19-8　板式拖网

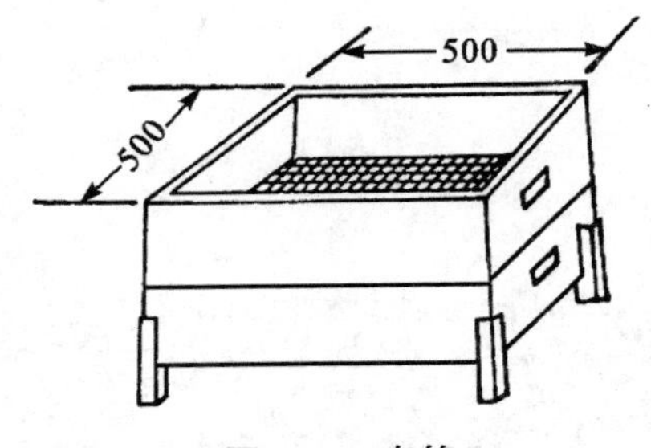

图 19-9　套筛

第四部分　海洋鱼类

实验二十　软骨鱼(鳐或鲨)解剖

一、实验目的

通过大体解剖和显微解剖方法，领悟软骨鱼类的一般构造。

二、材料和器具

孔鳐、斑鳐或鲨鱼等软骨鱼类。全套解剖用具、蜡盘、大头针、脱脂棉、解剖镜等。

三、实验内容

孔鳐 *Raja porosa*：孔鳐分类上属于软骨鱼纲，下孔总目，鳐形目，鳐科，鳐属。为北方常见种。

(一)外形

体平扁，中间宽。眼较小。喷水孔紧靠于眼后。鼻孔很大，距口很近，鼻瓣1对，向后伸至口角。背面光滑，在吻软骨上与体盘前缘有许多小刺。尾上雄鱼有3行瘤刺，雌鱼有5行瘤刺，以中间行最小。背鳍2个，胸鳍较宽，腹鳍后角长，尾粗而扁，有侧褶，尾鳍很小。

身体背面褐色，盾鳞；腹面有许多小黑点。注意观察罗伦氏器的分布、走向(图20-1)。

(二)内部观察

把鳐(或鲨)放在蜡盘上，腹面朝上，用大头针钉住胸鳍，同时用手触知肩带和腰带的位置，用剪刀沿腹中线从肩带剪到腰带，并剪至泄殖腔，然后在肩带后方的体壁左右侧各剪开一段距离，注意勿损坏肩带，把侧腹壁肌肉用大头针钉住，盘中放些水，浸没标本；然后把肩带割成两半，再往前切开体壁，一直切到下颌中部，把体壁从这条切线向两侧拉开，可以看到心脏。

1. 消化系统

食管较长，在食管和胃交界处有一凹隘；胃呈"U"形，与食管相连的贲门较粗大，后面的幽门胃较窄；十二指肠管径稍细。此处无螺旋瓣，有胆管、胰管开口；瓣肠壁较厚，内有螺旋瓣(有几个?)，结肠和直肠均较粗短，两者以直肠腺为界(直肠腺形态、功能如何?)，最后为泄殖腔。见图20-2。

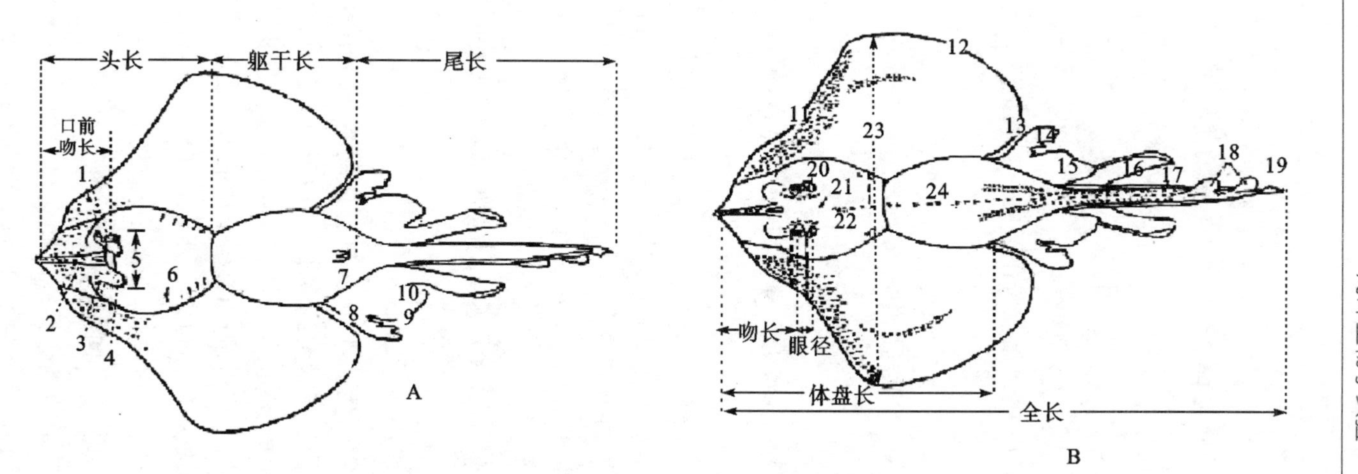

A.腹面观; B.背面观

1.口鼻沟; 2.吻软骨; 3.入水孔; 4.前鼻瓣; 5.口宽; 6.第1鳃孔; 7.泄殖腔; 8.腹鳍前缘; 9.腹鳍后缘; 10.腹鳍内缘; 11.胸鳍前缘; 12.胸鳍后缘; 13.胸鳍内缘; 14.腹鳍前瓣; 15.腹鳍后瓣; 16.鳍脚; 17.皮褶; 18.背鳍; 19.尾鳍; 20.喷水孔; 21.内淋巴孔; 22.黏液孔群; 23.体盘宽; 24.结刺

图20-1 孔鳐外形图（自朱元鼎，孟庆闻等，稍改）

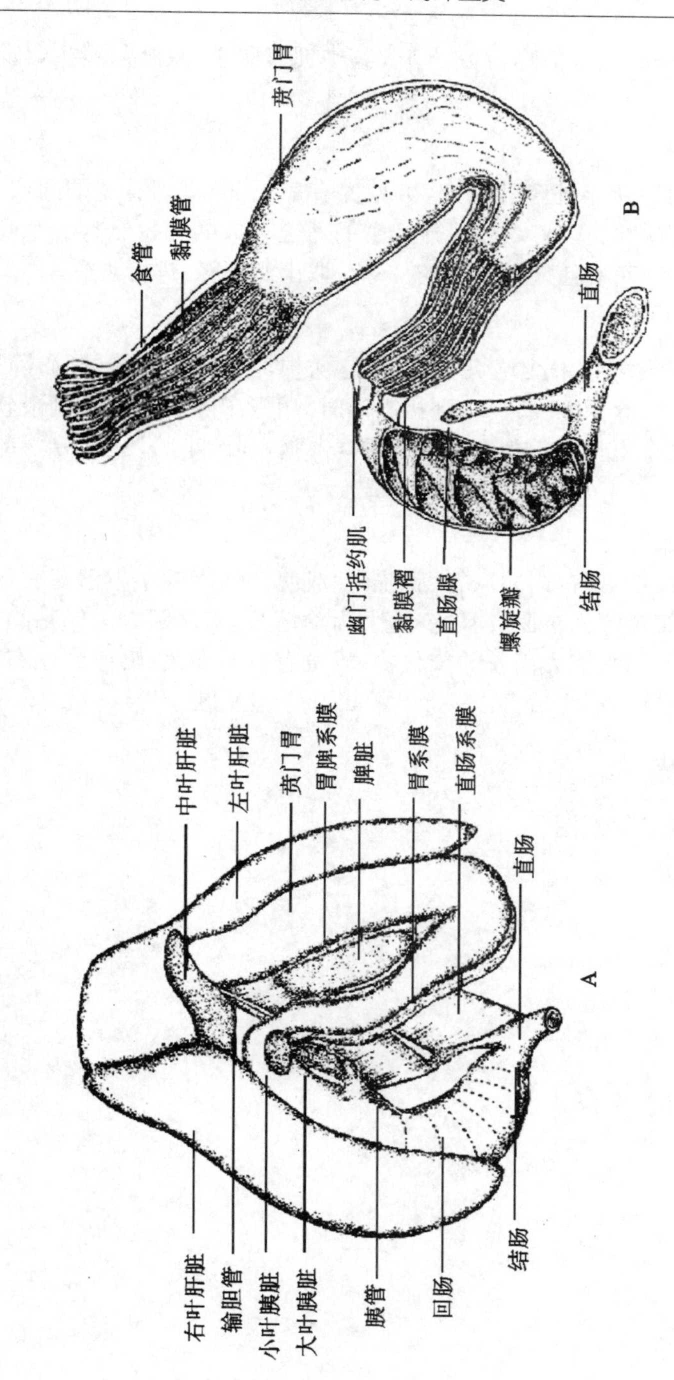

A.内脏解剖，腹视；B.消化道纵剖

图20-2 孔鳐消化系统（自孟庆闻等）

消化腺有肝脏，位于横隔后方，3叶，其中埋有胆囊；胰脏灰黄色，位于十二指肠和胃之间。

2. 呼吸系统

用解剖针的柄从一外鳃孔插入，可见内有扁平漏斗形腔，宽端向内开口于咽，即为内鳃裂，此腔为鳃囊，是内、外鳃裂的通道。口咽腔每侧有5个鳃囊；用剪刀从两个外鳃裂两端插入鳃囊，各剪一刀，取出鳃间隔，进行观察。

3. 神经系统

用解剖刀在头部背中线切一小口，注意勿损坏脑颅内所藏的脑，除去头部皮肤、肌肉，再用刀徐徐消除软骨，到相当薄时，用镊子除去脑膜及剩余软骨片，显露出脑。端脑前有嗅球、嗅囊，后有间脑，中脑视叶，小脑发达，分两部分，最后为延髓。

4. 泄殖系统

去除消化管，可见肾脏、输尿管、膀胱；性成熟个体可观察生殖器官，雄鳐有一对精巢，副睾管道迂回盘曲，向后变粗大为输精管，末端膨大为储精囊。鳍脚位于腹鳍后内侧，扁平宽大而长的棒状物；雌鳐有一对卵巢、输卵管左右基部愈合为子宫，其壁较厚，子宫后方以一个大孔开口于泄殖腔。

四、实验报告

绘软骨鱼内脏解剖图。

实验二十一　软骨鱼分类

一、实验目的

学会检索表使用方法，认识主要软骨鱼类。

二、材料和器具

各种鱼类的浸制标本，鱼类图谱，鱼类检索表。

三、实验内容

首先将各种鱼鉴定到亚纲、总目、目，然后具体观察。

1. 亚纲检索表

1(2)每侧有外鳃孔 5～7 个；无膜状鳃盖；上颌与头颅不愈合；雄性除鳍脚外，无腹前鳍脚及额上鳍脚 …………………………………………………………………… 板鳃亚纲

2(1)每侧外鳃孔只有 1 个；具膜状鳃盖；上颌与头颅愈合；雄性除鳍脚外，具腹前鳍脚及额上鳍脚 …………………………………………………………………… 全头亚纲

2. 总目与目检索表

1(2)鳃孔侧位，胸鳍前缘游离 …………………………………… 侧孔总目

2(1)鳃孔腹位，胸鳍前缘与体侧及头侧愈合 ……………………… 下孔总目

(1)侧孔总目：

1(2)鳃孔 6～7 个，背鳍 1 个 ……………………………………… 六鳃鲨目

2(1)鳃孔 5 个，背鳍 2 个

3(10)具臀鳍

4(5)背鳍前方具 1 硬棘 ……………………………………………… 虎鲨目

5(4)背鳍前方无硬棘

6(9)眼无瞬膜或瞬褶；椎体 4 个钙化区无钙化辐条 ………………… 真鲨目

7(8)无口鼻沟，鼻孔不开口于口内 …………………………………… 鼠鲨目

8(7)具口鼻沟或鼻孔开口于口内 ……………………………………… 须鲨目

9(6)眼具瞬膜或瞬褶；椎体 4 个钙化区具钙化辐条 ………………… 真鲨目

10(3)无臀鳍

11(14)吻短或中长，不呈剑状突出，鳃孔5个

12(13)体亚圆形，胸鳍正常；背鳍一般具棘 …………………………………… 角鲨目

13(12)体平扁；胸鳍扩大向头侧延伸；背鳍无棘 ………………………………… 扁鲨目

14(11)吻很长，剑状突出，两侧具锯齿；鳃孔5～6个 ………………………… 锯鲨目

(2)下孔总目：

1(6)头侧与胸鳍间无大型发电器官

2(3)吻特别延长，作剑状突出，侧缘具一行坚大吻齿 ………………………… 锯鳐目

3(2)吻正常，侧缘无坚大吻齿

4(5)尾部粗大，具尾鳍；背鳍2个；无尾刺 ……………………………………… 鳐形目

5(4)尾部一般细小如鞭(如粗大，则具尾鳍)，尾鳍一般退化或消失；背鳍1个；常具尾刺
…………………………………………………………………………………………… 鲼形目

6(1)头侧与胸鳍间有大型发电器官 ……………………………………………… 电鳐目

3. 各目主要种类

(1)虎鲨目：背鳍两个，各有1个硬棘，有臀鳍，鳃孔5对。

狭纹虎鲨：身体上暗色横纹比较窄，产于东海南部和南海。

宽纹虎鲨：体淡棕，约有10条深棕色带状横纹，宽窄不等。各鳍棕黑色。青岛产此鱼。

(2)六鳃鲨目：鳃孔6～7对，背鳍1个，无鳍棘，有臀鳍。体延长，吻钝，口宽，背鳍小，位于腹鳍后方。

扁头哈那鲨：又叫花七鳃鲨，体延长，为体高8.6倍。头宽扁。鳃孔7个。尾鳍长，上叶窄，下叶宽。背鳍1个。身体背部灰色，有黑色小斑点，腹白。产于黄、渤海。

(3)须鲨目：鳃孔5对，背鳍两个，均无硬棘，有臀鳍。有鼻瓣、鼻须和口鼻沟。

条纹斑竹鲨：体延长，具横斑条纹，杂以白点，第1背鳍起点在腹鳍基中上部。臀鳍近尾鳍。

(4)真鲨目：鳃孔5个，背鳍两个，有臀鳍，有瞬膜、下眼睑，齿小，无分化。

锤头双髻鲨：体长而较粗大，头前缘平，向两侧伸展。常见种。

白斑星鲨：体细长，中小型，口三角形，牙小有许多行，背鳍两个。侧线显著，侧线以上有几行和一些不规则的白点。常见种。

皱唇鲨：又叫九道箍，与白斑星鲨体相似，但身体上无白点，而有9条或更多的黑色带状横纹，并有许多小黑点。常见种。

尖头斜齿鲨：体长，头长，吻扁平，无喷水孔，背鳍两个，第1背鳍大，第2背鳍甚小，体背部深灰色，体侧与腹面白色，该种不常见。

沙拉真鲨:牙侧扁,上下颌齿边缘或上颌齿边缘具细锯齿,尾鳍下叶前部、胸鳍端部、第2背鳍具黑斑。

(5)扁鲨目:背鳍两个,无臀鳍,下歪尾,体扁,胸鳍扩展向前但不与头愈合,鳃裂侧位。

日本扁鲨:又名琵琶鲨,体平扁,胸鳍扩大,头宽扁,吻短。前端钝,吻与口间有深沟。鳃孔大,位体侧,相距很近。黄渤海有产,但不常见。

(6)鳐目:体平扁,胸鳍扩大与头愈合;鳃裂5对,位于腹面,无锯状长吻,无发电器。

许氏犁头鳐:体平扁,体长大于宽。头长,前面尖,后面宽。吻长,牙小,鳃孔小,位于腹面。常见种。

斑纹犁头鳐:体具密暗色斑点,形成睛状、条状或蠕虫状花纹。

中国团扇鳐:体平扁,体盘近圆形。吻短,眼小,眼间隔窄。沿背中线至第1背鳍前有一行瘤状突起。常见种。

(7)鲼形目:胸鳍大与头愈合,具长尾,有尾刺。

赤魟:又名土鱼,滑子鱼。体平扁,体盘大,无背鳍及臀鳍。尾很长,约为体盘宽的1.5倍。尾棘1个,有毒。

日本燕魟:又名蝴蝶鱼,体平扁,体盘很宽,宽大于长,无奇鳍。尾短而细,上有6～9条黑色环纹。尾棘弱而短。黄渤海有产,但不常见。

(8)电鳐目:头与胸鳍间有发电器。

单鳍电鳐:体扁平,略厚,体盘大,近圆形。头与胸鳍间有发电器。尾基部甚粗,向后渐细。黄海有产。

(9)银鲛目:鳃孔1个,雄性除鳍脚外,具腹前鳍脚、额上鳍脚,如黑线银鲛。

四、实验报告

检索并记录软骨鱼的主要特征。

实验二十二　硬骨鱼分类

一、实验目的

通过标本观察认识主要硬骨鱼类中重要和常见种类。

二、材料和器具

各种硬骨鱼类的浸制标本，鱼类图谱，鱼类检索表。

三、实验内容

首先将各种鱼鉴定到目，然后具体观察。

1. 主要目检索表

1(2)体一般被硬鳞或裸露；尾歪形 ………………………………………… 鲟形目
2(1)体一般被骨鳞或裸露；尾一般是正尾型
3(24)鳔存在时具鳔管
4(21)前部脊椎骨不形成韦氏器
5(18)体一般不呈鳗形，一般有腹鳍
6(13)上颌口缘由前颌骨及上颌骨组成
7(12)无脂鳍
8(9)颏部一般有喉板；发育过程有叶状幼体 ……………………………… 海鲢目
9(8)颏部一般无喉板；发育过程无叶状幼体
10(11)体被圆鳞或栉鳞，有侧线；无辅上颌骨 ……………………………… 鼠鱚目
11(10)体被圆鳞，无侧线；有辅上颌骨 ……………………………………… 鲱形目
12(7)一般有脂鳍；有侧线 …………………………………………………… 鲑形目
13(6)上颌口缘一般由前颌骨组成
14(15)一般具脂鳍和发光器 ……………………………………………… 灯笼鱼目
15(14)一般无脂鳍和发光器
16(17)体多无鳞，无鳔；副蝶骨和舌上无牙 ……………………………… 鲸头鱼目
17(16)体被圆鳞；有鳔；副蝶骨和舌上有牙 ……………………………… 骨舌鱼目
18(5)体呈鳗形或细长；发育过程有叶状幼体
19(20)无腹鳍；各鳍无鳍棘；眶蝶骨存在 ………………………………… 鳗鲡目

20(19)有腹鳍；背鳍和臀鳍常有鳍棘；眶蝶骨不存在 ………………………… 背棘鱼目
21(4)第1～4或第五脊椎骨形成韦氏器
22(23)体被圆鳞或裸出；两颌多无牙；有顶骨和下鳃盖骨；第3与第4脊椎骨不合并 …
…………………………………………………………………………………………… 鲤形目
23(22)体裸出或被骨板；两颌有牙；无顶骨和下鳃盖骨；第3与第4脊椎骨合并 ………
…………………………………………………………………………………………… 鲇形目
24(3)鳔存在时无鳔管
25(54)胸鳍正常，基部不呈柄状；鳃孔一般位于胸鳍基底前方
26(53)鼻骨不扩大，不形成长吻，亦无锯齿边缘；胸鳍不呈水平状扩张
27(52)上颌骨不与前颌骨固连或愈合为骨喙
28(51)体左右对称，头两侧有1个眼
29(36)背鳍一般无鳍棘
30(35)背鳍和臀鳍多呈后位；腹鳍一般腹位
31(34)体无侧线；鼻孔每侧2个
32(33)鳍无鳍棘，背鳍1个 ………………………………………………………… 鳉形目
33(32)背、臀、腹鳍或有鳍棘，背鳍1或2个 …………………………………… 银汉鱼目
34(31)体有侧线；鼻孔每侧1个 ……………………………………………… 颌针鱼目
35(30)背鳍与臀鳍一般较长，背鳍1～3个，臀鳍1～2个，腹鳍胸位或喉位 …… 鳕形目
36(29)背鳍一般具有鳍棘
37(42)头骨一般有眶蝶骨，如无，则腹鳍有1鳍棘5根以上鳍条
38(41)腹鳍常有1鳍棘3～13鳍条；腰骨与匙骨相接
39(40)尾鳍主鳍条为18～19；臀鳍一般具3鳍棘 ………………………… 金眼鲷目
40(39)尾鳍主鳍条为10～13；臀鳍具1～4鳍棘，常呈明显之鳍棘部 ………… 海鲂目
41(38)腹鳍无鳍棘而有1～17鳍条；腰骨与喙骨相接 ………………………… 月鱼目
42(37)头骨无眶蝶骨
43(44)腰骨不与匙骨相接；吻常呈管状；背、臀、胸鳍鳍条大多不分枝 ………… 刺鱼目
44(43)腰骨与匙骨相接；吻一般不呈管状；背、臀、胸鳍鳍条大多分枝
45(46)腹鳍腹位或亚胸位；背鳍两个，分离颇远 ……………………………… 鲻形目
46(45)腹鳍存在时胸位乃至喉位；背鳍如为两个亦相距较近
47(48)体呈鳗形；左右鳃孔相连为一 ………………………………………… 合鳃目
48(47)体一般不呈鳗形；左右鳃孔分离
49(50)第3眶下骨正常，不后延，不与前鳃盖骨相接 ………………………… 鲈形目
50(49)第3眶下骨后延，形成眼下骨架，横过颊部与前鳃盖骨相接 ………… 鲉形目
51(28)体不对称，两眼位于头部一侧(左或右) ………………………………… 鲽形目
52(27)上颌骨与前颌骨愈合为骨喙；腹鳍一般不存在 ……………………… 鲀形目
53(26)鼻骨扩大，形成长吻，边缘有锯齿，口位其下；胸鳍呈水平状扩张 …… 海蛾鱼目
54(25)胸鳍基部呈柄状；鳃孔位于胸鳍基底后方 …………………………… 鮟鱇目

2. 各目主要代表种类

(1)鲟形目:体纺锤形,歪尾,体裸露或被5行硬甲。仅尾上具硬鳍,软骨,吻发达。如中华鲟、达氏鲟、施氏鲟等。

(2)鲱形目:头骨骨化不全,背鳍无棘,无韦氏器,鳔有鳔管。例如鲱鱼、鳀、斑鰶、青鳞鱼、鳓鱼、凤鲚等。

(3)鳗鲡目:体棒状,无腹鳍,背鳍与臀鳍无棘。很长,常与尾鳍相连。如鳗鲡、海鳗、星康吉鳗。

(4)鲤形目:具韦氏器,鳔有鳔管,腹鳍腹位。如鲤鱼、鲫鱼、鳙鱼、青鱼、泥鳅等。

(5)颌针鱼目:鳔不通食管,胸鳍位置偏于背方,侧线位低,接近腹部。主要为海产鱼。我国有燕鳐鱼、颌针鱼、日本鱵,在黄、渤海均产。

(6)鳕形目:鳍中无棘,腹鳍喉位,背鳍两个或3个,海洋底栖生活,为著名的经济鱼类,如大头鳕,3个背鳍,两个臀鳍,为肉食性鱼类。

(7)刺鱼目:腹鳍腹位或亚胸位,或无腹鳍。背鳍1～2个,有些种类第1背鳍为游离的棘。鳔无管。口裂上缘由前颌骨或前颌骨和上颌骨共同组成。吻常呈管状。许多种类体被骨板。如毛烟管鱼、日本海马、斑海马、尖海龙等。

(8)鲻形目:背鳍两个,第1背鳍由鳍棘组成,第2背鳍有1个鳍棘及若干软鳍条;腹鳍有1鳍棘5软鳍条。如鲻鱼、鲅等。

(9)合鳃目:体鳗形。鳍无棘;背鳍、臀鳍和尾鳍均连在一起;无胸鳍;腹鳍如存在为喉位,很小,具两鳍条。左右鳃孔移至头的腹面,连成一“V”形裂缝。鳃常退化,由口咽腔和肠代替呼吸作用,无鳔。我国只有黄鳝。

(10)鲈形目:为鱼类中最大一目,鳔无鳔管,腹鳍胸位或喉位,通常有两个背鳍,第1背鳍一般有硬棘,鳞多为栉鳞。如鲈鱼、大黄鱼、小黄鱼、银鲳、黄姑鱼、花尾胡椒鲷、多鳞鱚、条石鲷、带鱼、鲐、蓝点马鲛、真鲷等。

(11)鲉形目:第3眶下骨后延成一骨突与前鳃盖骨相接。头部通常具有棘、棱或骨板。体被栉鳞、圆鳞、绒毛状细刺或骨板,或光滑无鳞。背鳍1或两个;腹鳍胸位或亚胸位;胸鳍基底通常宽大。有的种类的头棘与鳍棘有毒腺。如六线鱼、鲬、许氏平鲉、蓑鲉和绿鳍鱼等。

(12)鲽形目:成鱼身体不对称,两眼移在一起,鳍一般无棘,无鳔,背鳍和臀鳍通常很长,底栖。产量大,为重要经济鱼类,如牙鲆、高眼鲽、半滑舌鳎、条鳎、木叶鲽等。

(13)鲀形目:体形较短,上颌骨与前颌骨愈合形成特殊的喙,鳃孔缩小,有些种类有气囊;一般无腹鳍。如绿鳍马面鲀、红鳍东方鲀、六斑刺鲀等。

(14)鮟鱇目:体平扁或侧扁。第 1 背鳍棘常变成肉质突起,成为诱饵。如黄鮟鱇。

四、实验报告

检索并记录所观察鱼类的主要特征。

实验二十三 鱼类生物学研究的取样测定

一、实验目的

掌握鱼类生物学研究的取样和测定方法。

二、材料和器具

1～2种中小型海产硬骨鱼类各100尾。滤纸、直尺、小天平、纱布、标签、铅笔、广口瓶、镊子、剪刀、线团、树胶、解剖镜、表面皿、小天平、滤纸、解剖针、载玻片、盖玻片、剪刀、鳞片袋、线团、中性树胶等。

三、实验内容

(1)研究鱼类生物学,需要应用数理统计的方法对资料进行数量统计,采取资料要遵循数量统计原则,随机取样,样本要能反映所研究总体的真实情况。在海洋鱼类调查中,样本数一般每次取100尾整数。

(2)把收集的鱼类标本,先用清水洗涤,同时观察体色,然后把标本放在蜡盘里,依次登记编号,在登记时,每个标本系一个标签,拴在胸鳍基部。

(3)测量鱼体。用卡尺、直尺进行;外部形态测量(图23-1)包括:

全长:从吻端到尾鳍末端的直线长度;

体长:从吻端至尾柄正中最后一个鳞片的距离;

体高:即身体最大高度,采取背鳍起点处的垂直高度;

头长:从吻部到鳃盖骨后缘的距离;

吻长:眼眶前缘到吻端的距离;

眼径:眼眶前缘到后缘的距离;

尾柄高:尾柄部分最狭处高度;

同时测量体重、记录鳍式和鳞式。

体重:用小天平测量整条鱼的质量,以克为单位(纯重指去内脏后的质量)。

鳍式:一般以罗马数字代表鳍棘,以阿拉伯数字代表鳍条。

鳞式是记载鳞片数目的一种方式。记载方法:侧线鳞数=侧线上鳞数/侧线下鳞数;侧线鳞是沿自头后起至尾鳍中部基底间侧线上分布的鳞片;侧线上鳞是背鳍基部前缘至侧线间(不包括侧线鳞)的横列鳞数;侧线下鳞是腹鳍(或臀鳍)基底前缘至侧线(不包括侧线鳞)的横列鳞数。

把上述测量数据填入鱼类形态野外测量记录表内。

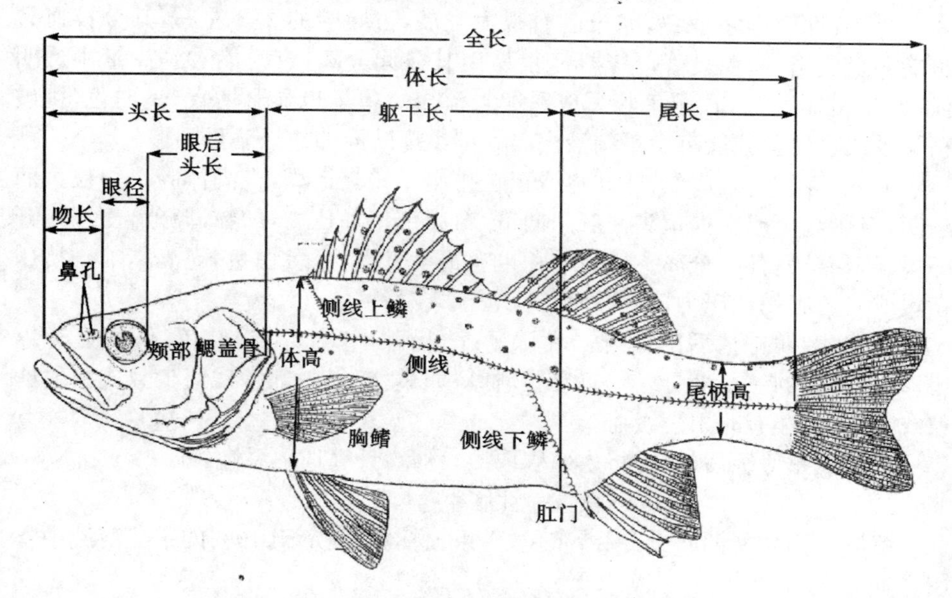

图 23-1 鱼体外形各部名称(自孟庆闻等)

(4)内部解剖:

1)左手持鱼,腹部向上,右手剪开腹壁,先目测性腺发育成熟度,然后去除性腺,目测含脂量,称取肝脏质量,把胃肠道从食道到肛门的一段剪下。取出肠管,两端用线扎紧,拴上与标本同号码的标签,用纱布包裹后固定于10%的甲醛溶液中,待进行胃含物分析。

2)目测性腺成熟度,确定其等级。

Ⅰ期:性腺尚未发育,紧附于体壁内侧,呈细线或细带状,肉眼不能识别雌雄。

Ⅱ期:性腺开始发育或产卵后重新发育。狭长的细带已增粗,并能辨别出雌雄。生殖腺小,只占腹腔的一小部分,卵巢成细管状或扁带状,半透明,分枝血管不明显,呈浅肉红色,卵巢膜较精巢膜坚韧,肉眼不能看出卵粒。精巢扁平,稍透明,呈灰白色或灰褐色。

Ⅲ期:性腺正在成熟,已较发达。卵巢体积增大,占整个腹腔的1/3～1/2。肉眼可以明显看出卵巢内充满不透明的稍具白色或浅黄色的卵粒。卵巢大血管（生殖腺动脉）明显增粗。卵粒互相粘连成团块状，切开卵巢挑出卵粒时，卵粒很难从卵巢膜上脱落下来。精巢的前部较扁平，后部收缩。精巢表面呈灰白色或稍具浅红色。压挤精巢，不能挤出精液。

Ⅳ期：性腺即将成熟，卵巢已有很大发展，占腹腔的 2/3 左右，其分枝血管也能明显看出，卵粒显著，呈球形，很易使其彼此分离，有时能看到少量半透明卵，卵巢呈橘黄色，轻压鱼腹无成熟卵粒流出。精巢也显著增大，呈白色，挑破精巢膜或轻压鱼腹能有少量精液流出。精巢横断面的边缘略呈圆形。

Ⅴ期：性腺完全成熟，卵即将或正在排出。卵巢饱满，充满体腔。卵粒大而透明，挤压卵巢或手提鱼头使肛门向下，对腹部稍加压力，卵粒即行流出。切开卵巢膜，卵粒就各个分离。精巢体积也有最大发展，呈乳白色，充满精液。挤压精巢或对鱼腹稍加压力，精液即行流出。

Ⅵ期：产卵排精后的性腺。性腺萎缩，松弛、充血，呈暗红色，体积显著缩小，只占体腔的一小部分。卵巢套膜增厚，卵巢、精巢内部常残留少数成熟的卵粒或精液，末端有时出现淤血。

确定成熟等级后，轻轻将生殖腺取出，称重，计算成熟系数，即

$$成熟系数=性腺重/体重\times 100$$

留取Ⅳ期和Ⅴ期卵巢，用纱布包好，系上标签，固定于 10%的甲醛溶液中备用。

3）目测法可将含脂量分为四级：

0 级——内脏表面及体腔壁均无脂肪层。

1 级——胃表面有薄的脂肪层，其覆盖面积不超过胃表面的 1/2。肠的表面无脂肪或有少量脂肪。

2 级——胃肠表面 1/2 以上的面积被脂肪层覆盖。

3 级——整个肠胃被脂肪层覆盖，脂肪充满体腔。

$$脂肪系数=(肝脏重/纯体重)\times 100$$

4）肥满度系数 Q 的计算式如下：

$$Q=(W/L^3)\times 100$$

式中，W 为鱼的体重（有时用去内脏的纯体重）；L 为鱼体长。

5）每尾样本取鳞片（一律取左侧胸鳍覆盖区域）10 枚，放在培养皿中，用清水浸洗，洗涤完毕的鳞片，夹在两个载玻片中，待水分蒸发干，贴上标签纸，写上鱼类名称、编号、体长、体重，然后用胶带在两端封好。

6）取耳石的方法：从颅底打开听囊，取出耳石，清水洗净，编上号。

对于小而透明的耳石，如鳀、鲱、鲹、鲬等，可直接浸在二甲苯中观察，有时可置于酒精灯火焰上稍加灼热，使轮纹更加清晰。

大而不透明的耳石，如石首鱼科的鱼，耳石必须加工后观察。加工方法：把耳石整个涂上一层沥青，沿耳石的纵轴或横轴将它劈开，其断面在质粒很细的油石上磨光，润以二甲苯，用放大镜观察。亦可将劈开的耳石用锉刀锉薄，再在油石上磨成完全透明、厚度约 0.3 mm 的薄片，用树胶固定于载玻片上渍以甘油观察，效果更好。在劈开和磨光耳石时须注意，耳石中央有一中心核。

四、实验报告

交一份本人所测样品的综合材料，包括全长、体长、体高、头长、吻长、眼径、尾柄高、体重、性别、性腺重、性成熟度、性成熟系数、含脂量分级、脂肪系数、肥满度系数。

实验二十四　鱼类繁殖力测定及胃含物分析

一、实验目的

了解鱼类繁殖生态及食性的多样化。

二、材料和器具

鱼类Ⅳ期、Ⅴ期卵巢、胃肠标本；解剖镜、表面皿、电子天平、滤纸、解剖针（尖头镊子）、载玻片等。

三、实验内容

1. 繁殖力测定

(1)取Ⅳ期卵巢称重，记取卵巢重量。

(2)在卵巢前、中、后部各取1～2 g，精确称量至0.01 g精度。

(3)在滤纸上用解剖针拨动计数，计数各块卵块之卵子数。

(4)计算怀卵量，即不同部位1 g卵子数取平均值。再将所得数值乘以性腺总重量。

2. 胃含物分析

(1)取肠胃标本放在表面皿上，目测胃肠饱满度：

0级——空胃肠；

1级——食物约占肠胃1/4；

2级——食物约占肠胃1/2；

3级——食物约占肠胃3/4；

4级——整个肠胃都有食物；

5级——食物极饱满，肠胃膨胀。

(2)逐个剖开胃，取出内容物放于滤纸上，用小天平称重。

(3)将胃含物逐个在解剖镜下作出鉴定。在进行此项工作之前，应先调查该水域的水生生物，并保留标本，以便与胃内的残体对照，要求鉴定到相应的分类阶元；实在无法鉴定的种类，可按大类区分。以个数为单位，计算鱼所吞食各种饵料的数量。

(4)取较完整的未消化饵料称重，算出各种饵料占整个食物团的百分比组成，可用饱满度指数来表示。

$$饱满度指数=\frac{食物团重}{鱼体重}\times 100$$

$$饱满度局部指数=\frac{各饵料成分重量}{鱼体重}\times 100$$

四、实验报告

(1)计算怀卵量。

(2)目测胃肠饱满度分级、计算饱满度指数。

(3)讨论该鱼食性。

附录　六线鱼胃含物鉴定的具体要求

腔肠动物门　海仙人掌、海葵等

环节动物门　多毛类：各种沙蚕等

软体动物门　腹足类：各种螺

　　　　　　瓣鳃类：多种蛤

　　　　　　头足类：乌贼

节肢动物门　端足类：钩虾、麦杆虫等

　　　　　　等足类：水虱

　　　　　　口足类：虾蛄

　　　　　　虾类：鼓虾、褐虾

　　　　　　蟹类：寄居蟹、矶蟹等

棘皮动物门　海参类

尾索动物门　海鞘类

鱼　　　类　鱼卵

　　　　　　玉筋鱼、绵鳚、鳀、黄鲫等

实验二十五　鱼类年龄材料的观察和鉴定

一、实验目的

利用鳞片、耳石等鉴定鱼类年龄，了解年轮的形成。

二、材料和器具

各种鱼类的鳞片、耳石、鳍骨、显微镜、载玻片、盖玻片等。

三、实验内容

鱼类生长研究：在养殖鱼类可直接进行实验观察；在自然条件下，可用标志放流的方法。此法是将所研究的鱼类，捕获后进行测量、标志，然后放回海中间隔一定时间重新捕获后便可测知它们在这段时间的生长情况。更常用的方法是从鱼类身上的鳞片、耳石、鳍片、骨骼等硬组织上，测定年轮及其间隔宽度。在这些硬组织上轮纹一年形成一个，称为年轮，相邻两个年轮的宽狭可以反映生长的快慢。

（一）观察典型鱼类骨鳞的基本结构和分区情况

每一鳞片分为上、下两层，上层为骨质层，比较脆薄，为骨质组成，使鳞片坚固，下层柔软，为纤维层，由成层的胶原纤维束排列而成。表面可分四区：前区，亦称基区，埋在真皮深层内；后区，亦称顶区，即未被周围鳞片覆盖的扇形区域；上、下侧区分别处于前后区之间的背、腹部。表面结构有鳞沟（辐射沟）、鳞嵴（环片）及鳞焦。依后区鳞嵴的不同结构可将骨鳞分成圆鳞与栉鳞。

区分栉鳞与圆鳞。

1. 圆鳞（图 25-1）

依结构的不同又可分 3 种类型：

（1）鲤型鳞：整个鳞片表面都有鳞嵴环绕中心排列，后区鳞嵴常变异成许多瘤状突起。鳞焦偏于基区或顶区。鳞沟辐射状或仅向基区或顶区辐射，许多鲤科鱼类属之，如鲤的鳞。

（2）鲱型鳞：鳞嵴作同心圆排列，而鳞沟呈波纹状平行排列，故鳞嵴与鳞沟几直角相交，见于鲱科鱼类，如鲥、太平洋鲱等。

(3)鳕型鳞：鳞嵴呈小枕状，沿鳞焦作同心圆排列，鳞焦偏基区，鳞沟向四区辐射排列，如鳕科鱼类。

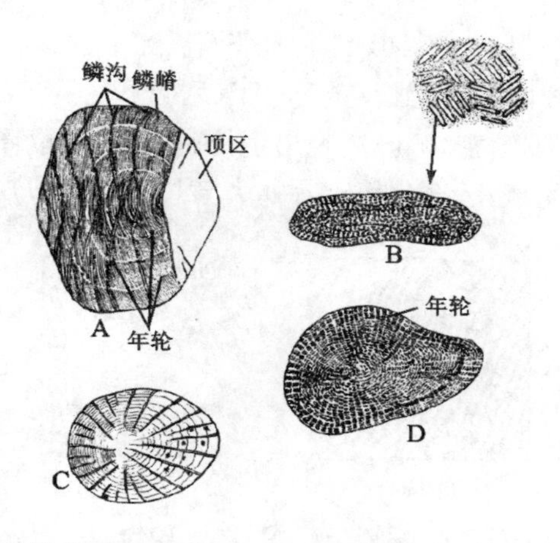

A. 太平洋鲱 *Clupea pallasi*；B. 日本鳗鲡 *Anguilla japonica*；
C. 拉氏鲅 *Phoxinus lagowskii*；D. 鳕 *Gadus macrocephalus*

图 25-1　各种圆鳞(自孟庆闻等)

2. 栉鳞(图 25-2)

根据齿突的排列方式，可分成三种类型：

(1)辐射型，为最常见的一种，齿突呈辐射状排列，如鲷科鱼类；

(2)锉刀型，齿突较弱，排列零乱，不成行，如鲻科鱼类；

(3)单列型，只有一行齿突，如鰕虎鱼科。

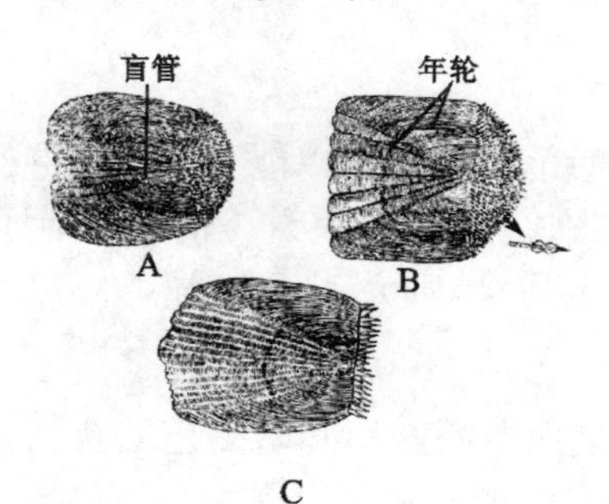

A. 鲻 *Mugil cephalus*；B. 鲈 *Lateolabrax japonicus*；
C. 小鳞沟鰕虎鱼 *Oxyurichthys microlepis*

图 25-2　各种栉鳞(自孟庆闻等)

（二）年轮

在圆鳞中是封闭的，在栉鳞中不封闭，后部被细锯齿遮住。

典型年轮的类型：

（1）鳞棘为切割型，如鲤科中大多数种类（图 25-3A）。

（2）鳞棘出现波纹断裂，如鲱科鱼类（图 25-3B）。

（3）基区弯曲，排列紧密，侧区鳞棘出现切割。如真鲷（图 25-3C）。

（4）基区平直靠拢，侧区部分切割。如大黄鱼（图 25-3D）。

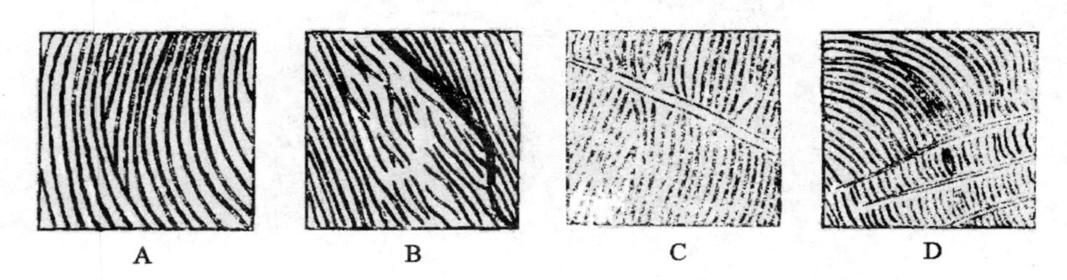

A. 鲢鱼 *Hypophthalmichthys molitrix*；B. 鲥 *Macrura reevesii*
C. 真鲷 *Chrysophrys major*；D. 大黄鱼 *Pseudosciaena croceao*

图 25-3　各种年轮类型（自孟庆闻等）

（三）受到内外原因影响，会形成副轮，观察副轮和年轮的区别

副轮的特点是：

（1）不清晰，轮圈支离破碎。

（2）在鳞片周围的某一区形成两三个紧密排列的环片，但不形成一个封闭的同心圆。

（3）只在部分鳞片上看到。

（四）观察鳞片

用解剖镜或低倍显微镜，放大倍数以能看清环片群排列情况为好。如未观察到年轮，则为 0＋，观察到一个年轮，其外方尚有若干环片为 1＋，依次为 2＋、3＋等。若年轮恰在鳞片的边缘，则为 1，2，3 等。

（五）观察耳石

在入射光下可看到淡白色的宽层和暗黑色的狭层相间排列，在透射光下，则宽层暗黑，狭层呈亮白色。通常将狭层视为年轮。六线鱼的耳石外形酷似一缺胚乳的麦粒，前端基叶中部内凹，前左侧较尖长，后端钝圆。耳石中部是放射状的中心核，核较厚，不透明，核外为相间排列的同心环纹，不透明带与透明带分界处即为年轮。大、小黄鱼耳石的横断面，可清楚地看到由中心向内侧伸出四条辐射线，将耳石明显分为内外两部，内侧部又被分为3个小区，即上部两个洼沟区和下部一个平滑区。耳石各部都有同心轮纹，而以平滑区轮纹最清晰，可供年龄鉴定之用(图25-4)。

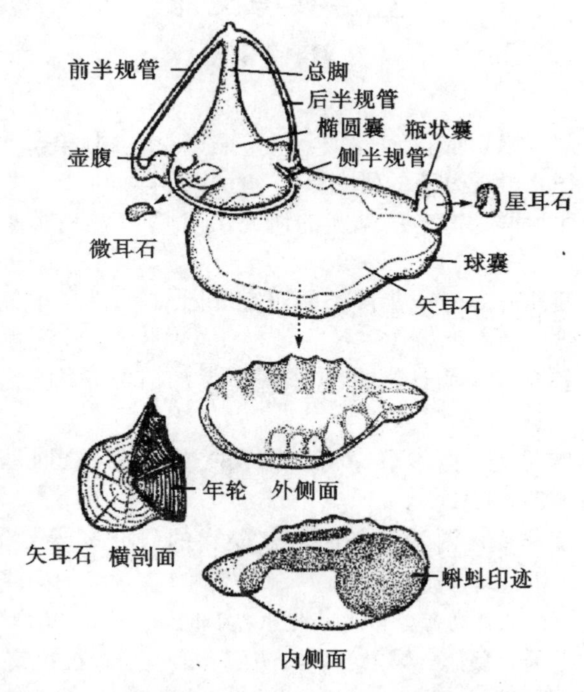

图25-4　大黄鱼 *Pseudosciaena crocea* 的内耳(自孟庆闻等)

(六)用鳍条、鳍棘鉴定鱼类年龄

用锯条在离鳍条、鳍棘基部0.5～1.00 cm处截取厚为2～3 mm一段，将此片段在磨石上粗磨，再在油石上磨成厚为0.2～0.3 mm透明薄片。将磨好的切片置于载玻片上，用解剖镜等观察。如不清晰，可加1～2滴苯或二甲苯透明液，或在酒精灯火焰上灼热一下，效果更好。在切面上可看到宽层和狭层相间排列，计算年龄。

四、实验报告

(1)绘鱼类各种鳞片。
(2)绘鱼类耳石。
(3)鉴定鱼类年龄。

主要参考文献

[1] 钱树本，刘东艳，孙军. 海藻学[M]. 青岛:中国海洋大学出版社，2005

[2] 朱浩然. 华北微观海藻的研究[J]. 南京大学学报，1959(2)：1-22

[3] 华茂生. 西沙群岛海产蓝藻类的研究Ⅰ[J]. 海洋科学集刊. 1978，No. 12，59-66

[4] 华茂生. 西沙群岛海产蓝藻类的研究Ⅱ[J]. 海洋科学集刊. 1983，No. 20，55-67

[5] 华茂生，曾呈奎. 西沙群岛海产蓝藻类的研究Ⅲ[J]. 海洋科学集刊. 1985，No. 24，1-9

[6] 华茂生，曾呈奎. 西沙群岛海产蓝藻类的研究Ⅳ[J]. 海洋科学集刊. 1985，No. 24，11-26

[7] 华茂生，曾呈奎. 西沙群岛海产蓝藻类的研究Ⅴ[J]. 海洋科学集刊. 1985，No. 24，27-37

[8] 郑柏林，王筱庆. 海藻学[M]. 北京:农业出版社，1961

[9] 夏邦美. 中国海藻志，第二卷，红藻门，第三册，石花菜目 隐丝藻目 胭脂藻目[M]. 北京:科学出版社，2004

[10] 曾呈奎，等. 中国经济海藻志[M]. 北京:科学出版社，1962

[11] 金德祥，等. 中国海洋浮游硅藻类[M]. 上海:上海科学出版社，1965

[12] 曾呈奎. 中国海藻志，第二卷. 红藻门，第二册，顶丝藻目、海索面目、柏桉藻目[M]. 北京:科学出版社，2005

[13] 夏邦美，张峻甫. 中国海藻志，第二卷. 红藻门，第五册，伊谷藻目、杉藻目、红皮藻目[M]. 北京:科学出版社，1999

[14] 杨德渐，孙世春，等. 海洋无脊椎动物学[M]. 青岛:中国海洋大学出版社，1999

[15] 国家技术监督局. 中华人民共和国国家标准 海洋调查规范 海洋生物调查，1991

[16] 国家技术监督局. 中华人民共和国国家标准 海洋监测规范 第7部分:近海污染生态调查和生物监测[M]. 北京:中国标准出版社，1998

[17] 国家海洋局. 海洋调查规范——第五分册. 海洋生物调查[M]. 1975

[18]　黄宗国，等. 中国海洋生物种类与分布[M]. 北京:海洋出版社，1994

[19]　杨德渐，等. 中国北部海洋无脊椎动物[M]. 北京:高等教育出版社，1996

[20]　高哲生. 山东沿海水螅虫的研究(一)[J]. 山东大学学报，1956，2(4) 70-103

[21]　杨德渐，等. 中国近海环节多毛动物[M]. 北京:农业出版社，1988

[22]　吴宝铃，等. 中国近海沙蚕科研究[M]. 北京:海洋出版社，1981

[23]　蔡英亚，等. 贝类学概论[M]. 上海:上海科学技术出版社，1979

[24]　齐钟彦，等. 黄渤海的软体动物[M]. 北京:农业出版社，1989

[25]　刘瑞玉. 中国北部的经济虾类[M]. 北京:科学出版社，1955

[26]　张凤瀛，等. 中国动物图谱 棘皮动物[M] 北京:科学出版社，1964

[27]　廖玉麟. 中国动物志 无脊椎动物(第四十卷) 棘皮动物门 蛇尾纲[M]. 北京:科学出版社，2004

[28]　中国科学院北京动物研究所甲壳动物研究组. 中国动物图谱 甲壳动物(第三册)[M]. 北京:科学出版社，1975

[29]　孟庆闻，李文亮. 中国鱼类专著集(三)鲨和鳐的解剖[M]. 北京:海洋出版社，1991

[30]　张春霖，等. 黄渤海鱼类调查报告[M]. 北京:科学出版社，1955

[31]　孟庆闻，苏锦祥，李婉瑞. 鱼类比较解剖[M]. 北京:科学出版社，1987

[32]　李明德. 鱼类分类学[M]. 北京:海洋出版社，1998

[33]　郑重，李少菁，许振祖. 海洋浮游生物学[M]. 北京:海洋出版社，1984

[34]　厦门水产学院. 海洋浮游生物学[M]. 北京:农业出版社，1981

[35]　Bold H C. Introduction to the algae (structure and reproduction)[M]. Prentic-Hall, Englewood Cliffs, New Jersey 07632, 1978

[36]　Lee R E. Phycology[M]. Cambridge University Press, Cambridge, 1980

[37]　Tomas C R. Identifying Marine Phytoplankton[M]. San Diego: Academic Press. 1997

[38]　Dodge J D. Marine dinoflagellates of the British Isles[M]. London: Her Majesty's Stationery Office. 1982

[39]　Tseng C K. Common Seaweeds of China[M]. Beijing: Science Press, 1983

[40]　Platt H M, Warwic k R M. Free-living Marine Nematodes, Part I, British Enoplids[M]. Cambridge University Press, 1983